改訂版 | 頭がよくなる

理科ドリル

中学受験専門のプロ家庭教師「名門指導会」副代表
中学受験情報局『かしこい塾の使い方』主任相談員

辻 義夫

本書は、小社より2016年に刊行された『頭がよくなる 謎解き 理科ドリル』を、
情報更新・加筆を行うなどした改訂版です。

かんき出版

はじめに

　こんにちは、私は中学受験専門のプロ家庭教師「名門指導会」の副代表を務めている辻と申します。私のもとには「理科の勉強のしかたがわからない」「おもしろさがわからない」というお子さんが毎年たくさん来ます。また、「中学受験情報局」というサイトで、おもに理系分野を苦手とするお子さんやそのお父さん、お母さんのご相談にもお答えしています。

　そんなみなさんに「理科の楽しさ」を知ってもらいたくて、本書を出版したのは2016年末です。それからこの期間に、手にとってくださったお子さんたちからは「クイズ感覚で楽しい」、親御さんたちからは「楽しく取り組んでいるが、本格的な中学受験の勉強にも役立っている」と多くの反響をいただいています。

　出版から6年が経ち、中学入試の問題もずいぶん進化しました。以前にもまして、「自分の頭でしっかり考えさせる出題」が増えたのです。そこで今回、より頭をひねって考え、謎解きを楽しんでもらえるよう新しい問題を加え、改訂版として刊行させていただくことになりました。「勉強だから」ではなく、「問題を読むと謎の真相を知りたくなったから」と、思わず考えたくなる問題を厳選しています。

　実は、本書を執筆した理由が2つあります。1つは、私がかかわる中学受験の世界に限らず、「理科の楽しさがわ

からない」というお子さんが増えていると感じることが多くなったからです。都市部の子どもは虫をとったり土に触ったりという機会が減り、自然に存在する動植物の体のしくみを詳しく見ることも少なくなっています。

「どうしても植物に興味が持てなくて困る」といったご相談を親御さんから多く受けます。「ふだん身のまわりに植物なんてないから」という子もいます。

そんなお子さんに、私は「『ヘチマ』って、なんで『ヘチマ』っていうか知ってる？」と問いかけます。いくら植物に興味がないと言っても、ヘチマはみんな知っています。「植物に興味がない」はずのその子は、とたんにヘチマについていろいろ考え始めます。

「ヘチマの実からは繊維がとれるから『糸瓜』って漢字で書くんだ。で、『イトウリ』がなまって『トウリ』って呼ばれてたんだ。その『ト』が『ヘ』と『チ』の間にあるから、『ヘチマ』になったっていう説があるよ」

お子さんはキョトンとします。

「『イロハニホヘト』の次は、何か知ってる？」

そう聞くと、「チ」と答えます。

「あ、ホントだ！『ヘ』と『チ』の間に『ト』がある！」

これは俗説と言われていますが、お子さんの表情はパッと明るくなります。子どもはテキストをにらんで何度も繰り返して苦行のように覚えるのが「理科の知識」だと思っているのです。

本書では、パート1を「知識問題編」、パート2を「思考問題編」としていますが、パート1では知識といっても単

に丸暗記するのではなく、理由、由来、ストーリーとセットで「生きた知識」として頭に入れる習慣を身につければ、決して暗記は苦行でもなんでもありません。

　そして、本書を執筆したもう1つの理由は、「中学受験の勉強は知識偏重の詰め込み型」という考えが、あらゆる中学校の入試問題に当てはまるかのように誤解されている風潮があることです。

　本書に収録した問題は、いずれも中学受験の勉強の中で取り扱われるものばかりですが、難関校と呼ばれる学校は、「詰め込み型」の勉強では対応できない問題を出題します。それが顕著に表れるのも理科という科目です。

「この場でいくつかの条件を与えるから、一から考えてごらん」、そんな中学校の先生の声が聞こえてきそうです。

　特にパート2は、クイズのような意外な答えの問題から、紙と鉛筆が必要になるハイレベルな問題まで、すべてわかれば御三家合格レベルの実力者だといえます。

　かなり難易度が高いですが、考えるだけでも効果がありますし、解けなかったら答えを見て、解説を読んで、「なるほど！」となればそれで OK です。

　本書を読み終えたときにはかなりの知識レベルになっていることはもちろん、理科が好きになっていることでしょう。

　お子さん、お父さん、お母さん、みんなで「理科の謎解きの楽しさ」を本書で存分に味わっていただきたいと思います。みなさんの知的好奇心を刺激し、ひとりでも多くの方に考える楽しさを感じていただければ幸いです。

『改訂版 頭がよくなる謎解き理科ドリル』

この本の使い方

　パート1の「知識問題編」は、やさしい問題から中学入試レベルの問題までの、おもに知識を試す問題を収録しました。パート2の「思考問題編」にむけてのウォーミングアップとしてチャレンジしてください。

　解答ページには、親切でわかりやすい解説と、さらに知識を加えるためのヒントをのせました。この本で得た知識をさらに広げることができます。

　パート2の「思考問題編」は、パート1の知識をベースに、とことん考える問題です。「ヒント」と「謎解きツール」を有効に活用しながらじっくり考えて、ひとつひとつていねいに解いてみましょう。問題ページの右側に試験管で1～3段階に分けてレベルを表しています。ぜんぶ解き終わったとき、大学受験にも通用する知識と思考力が自分のものになっているはずです。

　この本を活用して、東大・京大入試にも対応できる力を身につけてください！

動画配信について

　著者の辻義夫先生が、特にむずかしい問題について解説してくれました。その解説動画を「YouTube」に無料配信します！　以下のバーコードをスマートフォン等で読むと、直接動画にアクセスできます。

※解説動画は予告なく終了したり、内容が変更する場合がございます。予めご了承ください。

知識問題編

パート **1**

1 次の植物のうち、葉のすじがまっすぐなもの（平行脈）はどっち？

ア アサガオ・ヒマワリ・アジサイ・サクラ・エンドウ

イ イネ・ムギ・ユリ・アヤメ・ツユクサ

答え

2 どんな種類の植物を覚えるための語呂合わせかな？

「父ちゃん 売り ます 一兆円」

下線のところがヒント。「うり」科の植物といえば……

（　　）と（　　）がある植物

答え

3 （　　）に入る言葉は何？

植物が日光のエネルギーを使って行う光合成は、水と二酸化炭素を原料に、デンプンと（　　）をつくり出すはたらきです。

答え

4 春の七草の覚え方は「母の背中に抱っこ」です。「ダ」に入るのは何？

ハ（ハハコグサ）　ニ

ハ（ハコベ）　　　ダ（　　）

ノ　　　　　　　　ッ

セ（セリ）　　　　コ（コオニタビラコ）

ナ（ナズナ）

カ（カブ）

答え

5 秋の七草の覚え方の ☐ に入る植物は？

「お前は バカで クズで ハゲなので 今日も なでなで だ〜い好き」

オミナエシ フジバカマ クズ ハギ キキョウ ☐ ススキ

ヒント：日本代表の女子サッカーチームの呼び名は？

答え

6 植物の発芽の3条件は、水、適当な温度、そして何？

ヒント：僕たち人間にも必ず必要なものだよ。

答え

7

答え ❶▶❻

❶ イ
葉のすじ（葉脈）が平行なのが単子葉植物、網目状なのが双子葉植物です。身のまわりの植物にはどっちが多いかな？

❷ （ お花 ）と（ め花 ）がある植物
「とう」……トウモロコシ
「うり」……ウリ科の植物
「ます」……マツ科の植物
「いっちょう」……イチョウ

❸ 酸素
地球上に植物（植物プランクトンを含む）がいないと、みんな呼吸できなくて生きられないということですね。

❹ ダイコン
ハハコグサはゴギョウ、コオニタビラコはホトケノザとも呼ばれます。（本物の「ホトケノザ」という植物は別にあります）

❺ ナデシコ
ちなみに母の日にお母さんにあげるカーネーションも、ナデシコ科です。

❻ 空気
植物も呼吸をしているのです。

7 植物の成長の5条件は、**6**の発芽の3条件に加えて、肥料と、あとは何？

ヒント：植物が栄養分をつくる、あるはたらきに必要なものだよ。

答え

8 発芽のときに子葉（ふた葉）が地中に残ってしまう植物の覚え方の□に入る植物は？

「明日は 地中に エン ソ ク
かし ら」
アズキ　□ ソラマメ クリ
カシ ナラ

答え

9 ヘチマの巻きひげを、両方から引っ張ると、どうなる？
ア　ねじれが強くなっていく
イ　まっすぐになる

答え

10 メダカのひれは全部で5種類あります。

全部で何枚ある？
ヒント：2枚あるひれは何種類？

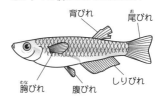

背びれ
尾びれ
胸びれ
腹びれ
しりびれ

答え

11 **10**のメダカはオス？　メス？

答え

❼ 日光（光）

光合成のしくみ

水 ＋ 二酸化炭素 日光⇒⇒⇒⇒ デンプン＋酸素

このちょうど逆のはたらき（デンプンと酸素を使って、水と二酸化炭素をつくる）が、生物の呼吸です。

❽ エンドウ

地中に子葉が残るのはマメ・ドングリ系の植物ですね。発芽してもふた葉が出ないなんて、意外です。

❾ イ

ヘチマの巻きひげは、もともと巻きひげではなく、先があるものに取りついてから、途中からねじれていくのです。だから途中から巻き方が逆になっているんですね。両側から強く引っ張ると、もとのまっすぐなつるに戻っていきます。

❿ 7枚

胸びれと腹びれは、それぞれ2枚あります。

⓫ オス

	背びれ	しりびれ
オス	切れこみがある	平行四辺形
メス	切れこみがない	三角形

12 カブトムシはこん虫なので体が「頭・胸・腹」に分かれています。正しい「胸」の部分は?

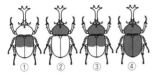

① ② ③ ④

答え

13 こん虫の血液(体液)は人間のように赤くないって、本当?

答え

14 バッタ・コオロギ・カマキリ・オビカレハは、冬越しのしかたに共通点があります。その共通点とは?

答え

15 馬の「かかと」はどこ?

ア
イ
ウ

答え

16 完全変態(「卵⇒幼虫⇒さなぎ⇒成虫」と姿を変えて育つこと)をするこん虫の覚え方の □ に入るこん虫は?

「かぶと山 八 兆 円の あり か が 危ない テント を 張るのみ」

① ハチ チョウ アリ カガ アブ ② ハエノミ

答え

12 ③

体の裏側を観察するとよくわかります。こん虫のあしは6本とも胸についていることから考えても、答えは③ですね。

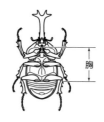

胸

13 本当

ヒトなどせきつい動物（背骨をもつ動物）は、酸素を血液中の赤血球が運びます。この赤血球にヘモグロビンという赤い色素があるため、血液が赤いのです。こん虫は酸素を体液で運ばず、体中に張りめぐらされた「気管」という管で運ぶので、体液は赤くありません。

14 卵の姿で冬越しする

冬になるとほとんどの種類のこん虫の成虫は死ぬので、卵や幼虫、さなぎの姿で冬越しするものが多くなっています。オビカレハはガの一種。

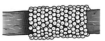

（オビカレハの卵）

15 ア

イは指のつけ根、ウは指先です。

かかと

指

16 ①カブトムシ　②テントウムシ

不完全変態（「卵⇒幼虫⇒成虫」と姿を変えて育つこと）をするこん虫には、カマキリ・セミ・ゴキブリ・トンボ・タガメ・カメムシ・キリギリス・バッタなどがいますね。

17 モンシロチョウの幼虫をアオムシといいますが、そのあしのつき方はどれが正しい?

ヒント:アオムシもこん虫で、胸の部分に6本のあしがついているよ。

答え

18 どっちが肉食動物の骨?

ア　　　　　イ

答え

19 三大栄養素とは、デンプン（炭水化物）・タンパク質・そしてあと1つは?

ヒント:とりすぎに注意!

答え

20 胃液に含まれていて、食べたもののうちタンパク質を消化するはたらきを持つ消化酵素の名前は?

ヒント:この消化液の名前から商品名がついた炭酸飲料が、○○○コーラ

答え

21 デンプンは体内で分解されてブドウ糖になりますが、さらに形を変えて肝臓にたくわえられます。肝臓にたくわえられるとき、何という名前の物質になる?

ヒント:ある有名なお菓子メーカーの社名のもとになっているよ。

答え

⑰ イ

アオムシもこん虫なので、体は頭、胸、腹に分かれています。頭の部分から後ろ三節が胸で、「前胸・中胸・後胸（きょうちゅうきょう こうきょう）」にそれぞれあし（本来の物につかまることができるあし）が一対（いっつい）ずつついているのは、他のこん虫と同じです。

受験生は「頭の後は3・2・4・2・1」と覚えましょう。（笑）

こん虫の体は頭部・胸部・腹部の3つに分かれており、胸部は3つの節と6本のあしが特徴（とくちょう）です。

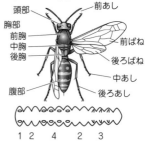

⑱ イ

犬歯が発達し（肉を引き裂（さ）きやすい）、目が2つとも前方向きについている（獲物（えもの）との距離（きょり）感がわかる）ことなどから、Bが肉食動物とわかります。

⑲ 脂肪（し ぼう）

エネルギー源になりますが、余分は「皮下脂肪（ひか しぼう）」や「内臓脂肪」として体にたくわえられます。

⑳ ペプシン

だ液にもデンプンを麦芽糖（ばく が とう）に消化するアミラーゼ（プチアリン）という消化酵素（こう そ）が含（ふく）まれています。だからご飯をずっと口の中でかみ続けるとあまくなってくるんですね。

㉑ グリコーゲン

お菓子（かし）メーカーの「グリコ」は「栄養素グリコーゲンを、おいしく食べやすくしたのがグリコ」ということで「グリコ」なんですね。

22 人の目の中央の真っ黒な部分を何という？

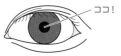
ココ！

答え

23 ヒトがはく息に含まれる気体を、多い順から3つ並べると？

ア 1. 二酸化炭素 2. 酸素 3. ちっ素

イ 1. 酸素 2. 二酸化炭素 3. ちっ素

ウ 1. ちっ素 2. 酸素 3. 二酸化炭素

エ 1. ちっ素 2. 二酸化炭素 3. 酸素

ヒント：はく息は、吸う息に比べると二酸化炭素が多くなっているはずだけど……

答え

24 人の血液成分中で、酸素を運ぶ役割を担っているのは？

答え

25 ヒトと他の動物を比べると、骨格に次のような違いがあります。この違いは、ヒトがあることをするのに大きく関係があります。それは何？

1. 頭の骨が大きい
2. 骨ばんが大きい
3. かかとの骨が大きい

答え

㉒ ひとみ

ここから光（映像）を取りこんでいるんですね。

「キレイなひとみだね」って言われたら、目全体のことじゃなくてこの部分だけのことだから勘違いしないようにネ。

㉓ ウ

空気の成分の大部分はちっ素と酸素。二酸化炭素はほんのわずかです。（下の表）

吸う息

	ちっ素	酸素	二酸化炭素
割合	78%	21%	0.04%

はく息

	ちっ素	酸素	二酸化炭素
割合	78%	17%	4%

㉔ 赤血球

この赤血球には「ヘモグロビン」という色素が含まれていて、そのために血液は赤く見えるんですね。

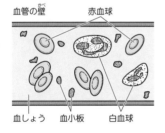

血管の壁　　　　赤血球

血しょう　血小板　　白血球

㉕ 二足歩行

背骨が縦になっていることで、四足歩行の動物に比べて大きな頭を支えることができるんですね。

26 ヒトの肺は、肺胞という小さな袋（直径0.1mm～0.2mm）が集まってできていて、この小さな袋で酸素と二酸化炭素の交換を行っています。さて、肺胞は左右の肺で何個ある？

ア　700～800個
イ　700万～800万個
ウ　7億～8億個

答え

27 正しいのはどれ？

ア　人が体のかたむきを感じる器官は、目の中にある
イ　目から取りこんだ映像や耳から取り入れた音は、神経を通して脳に送られる
ウ　目の網膜上には、光を感じることができない点はない

答え

28 生物のつながりの中で、植物は「生産者」と呼ばれています。植物なしには他の生物は生きることができないからです。その理由が下の文です。（　）に入る言葉は？

植物は（　①　）によって（　②　）と（　③　）をつくり出すから。

答え

29 細菌や菌類も、食物連鎖の中では欠かせない存在です。その理由がつぎの文です。（　）に入る言葉は？

動植物の死がいやふんを（　）するから。

答え

30 ツバメのように、春暖かくなると南の国から渡ってきて、秋に寒くなってくると南の国に去っていく鳥を、渡り鳥の中でも何という？

答え

26 ウ

左右の肺胞を全部広げると、およそ100㎡の面積になるといわれています。大きな表面積で効率よく酸素と二酸化炭素の交換を行っているんですね。

27 イ

ア 人が体のかたむきを感じる器官は、耳の中にある三半規管
ウ 網膜上には光を感じることができない盲点と呼ばれる点がある

28 ①光合成
②③酸素・デンプン（栄養分）

植物が大もとになる栄養分をつくり、それを草食動物が食べ、それを肉食動物が食べ……とつながっているんですね。これを食物連鎖といいます。

【例】

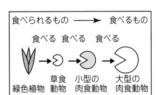

イネ科
の植物 → ネズミ → ヘビ → ワシ

食べられるもの ——→ 食べるもの

食べる 食べる 食べる

🌱 → 🟡 → ⚪ → 🔴

緑色植物　草食　小型の　大型の
　　　　　動物　肉食動物　肉食動物

29 分解

細菌や菌類が動物のふんや動植物の死がいを分解することで、肥料ができるんですね。

30 夏鳥

ツルや白鳥のように、冬になると日本より寒い北の国から渡ってくる渡り鳥が「冬鳥」ですね。夏鳥がくる目的は「繁殖（子育て）」、冬鳥がくる目的は「越冬（冬越し）」です。

31 「花粉症」の原因の1つであるマツ花粉。次のどれ？

ア

イ

ウ

エ

ヒント：風で飛び散るから花粉症の人は大変なんだよね。

答え

32 夏に見られる光景として正しいのはどれ？。
ア サザンカの花が咲いていた
イ 雑木林に日が差しこんで明るかった
ウ ツバメが巣作りを始めていた
エ シオカラトンボが飛んでいた

答え

33 冬に見られる光景として正しいのはどれ？
ア カモの群れが湖で泳いでいた
イ ホウセンカの花が咲いていた

ウ ススキの穂が風にのって飛び始めていた
エ イネの花が咲いていた

答え

34 下の動物は、卵を産む、くちばしがあるなどの鳥類の性質と、体が毛でおおわれている、子どもを乳で育てるなどの哺乳類の性質をあわせもっためずらしい生物です。この動物の名前は？

答え

35 イモリとヤモリ、どっちが両生類でどっちがは虫類？
ヒント：イモリとヤモリのちがいを覚えるための覚え方が
「イモリ＝井守（井戸を守っている）」
「ヤモリ＝家守（家を守っている）」

答え

答え ㉛ ▶ ㉟

㉛ イ

マツの花粉はイで、左右に空気袋が付いているのが特徴です。ア
はスギ花粉、ウはヘチマの花粉、エはアサガオの花粉です。スギ
花粉はマツ花粉と同じように風で飛び散り、花粉症の原因となり
ます。ヘチマやアサガオはこん虫によって花粉が運ばれるので、
こん虫の体にくっつきやすいようにネバネバしていたり、細かな
突起や毛が生えていたりします。

㉜ エ

サザンカの花が咲くのは冬。雑木林というのは落葉広葉樹の林な
ので、森林に日が差しこむのは葉が落ちた秋から冬です。またツ
バメが巣作りを始めるのは春ですね。

㉝ ア

カモは冬鳥です。ホウセンカ、イネの花が咲くのは夏、ススキの
穂が飛び始めるのは秋ですね。

㉞ カモノハシ

「カモ」の「ハシ＝くちばし」という意味でこの名前です。かわい
い見た目ですが、オスは後ろあしの爪から毒を出すことができま
す。オーストラリアにしかいない珍獣です。

㉟ イモリが両生類、ヤモリがは虫類

「イモリ＝井守（井戸を守っている＝水辺の生き物）」
「ヤモリ＝家守（家を守っている＝陸上の生き物）」
イモリはカエルと同じ両生類で、幼生のとき（カエルでいえばオ
タマジャクシ）は水中で生活、成体になると陸上に上がることが
できるんですね。
ヤモリはヘビやトカゲなどと同じは虫類です。

36 モミジ（カエデ）は、葉が
カエルの手に似ているからそ
の名がついたといわれていま
すが、図の植物も、その葉の形
から名前がついています。この
植物名は？

答え

37 1日で太陽が南中するのは
（兵庫県明石市の標準時子午線
では）12時ですが、どうして
いちばん気温が高いのは午後
2時くらいなんでしょう？

答え

38 月の裏側を、地球から見る
ことができる？

答え

39 下の図の月の中で、日の入
りのころに南中する月はど
れ？

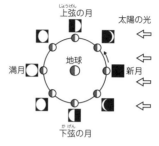

上弦の月

太陽の光

満月

地球

新月

下弦の月

答え

答え ㊱ ▶ ㊴

㊱ ヤツデ

「八手」からついたといわれる名前の植物、ヤツデ。森林の中の低木としてもよく自生しています。

㊲ 太陽の熱で、まず地面があたたまって、その地熱で空気があたたまるから。

2時間もの時間差があるんですね。1年の中で、最も太陽高度が高く、昼の時間が長いのは夏至（6月下旬）ですが、最も暑いのは8月だということも同じ理由です。

㊳ できない。

月はいつも同じ面を地球に向けて回っています。
だからいつも同じ模様が見えていて、日本では「うさぎが餅をついている」と見ていたんですね。ちなみに世界の国々では、
北ヨーロッパ：本を読むおばあさん
南ヨーロッパ：大きなはさみのカニ
東ヨーロッパ：女性の横顔
アラビア：ライオン
です。

㊴ 上弦の月

向かって太陽が右にあるから、右側が光って見えるんですね。

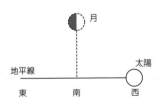

40 下の図は、日本で見た、春分、夏至、秋分、冬至の日の天球上の太陽の動きです。

日は4つなのに曲線が3本しかないのはどうして？

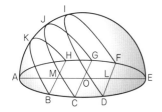

答え

41 ⑩の図で、西の方角はどこ？

ヒント：太陽が最も高くなるのを「南中」というね。

答え

42 冬の星座、オリオン座の3つ星は、神話の狩人オリオンの体のどの部分にあたる？

ア　首
イ　むね
ウ　腰

オリオン座

答え

43 ⑫のオリオン座の左上の赤くて大きい星の名前は何？

答え

23

40 春分の日と秋分の日は太陽の動きが同じだから。

どちらも真東から太陽がのぼって、真西に沈むんですね。

41 G

A が南だから、E が北、C が東、G が西です。

42 ウ

海の神ポセイドンの息子で、美形で狩りの名人だったオリオンは、酔っぱらって「天下に自分ほどの腕の良い猟師はいない」といったことが大地の女神の怒りにふれ、女神の送ったサソリに刺されて死んでしまいます。

だから夏の星座であるさそり座が見える季節、オリオン座は見えません。

43 ベテルギウス

赤色の1等星です。右下の青白い1等星はリゲル。

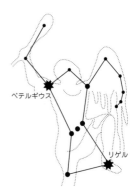

44 夏の大三角と冬の大三角、正三角形に近いのはどっち？

答え

45 一等星をもたない星座はどれ？
ア　しし座
イ　うしかい座
ウ　カシオペヤ座
エ　さそり座

答え

46

下の図は河口のようすを表しています。小石・砂・泥のうち、Aに積もるのはどれ？

堆積のようす

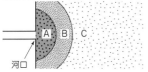

河口

答え

47 ギョウカイ岩という岩石は、どんなものが積もって岩石になった？
ヒント：漢字で書くと「凝灰岩」だよ。

答え

48 地層が左右からおされて曲がった＝しゅう曲

地層が左右からおされてずれた＝？
ヒント：地震の原因になることがあるね。

答え

49 川の河口付近でできる下のような地形の名前は？
ヒント：その形から、○○州

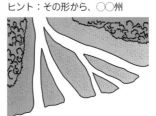

答え

44 冬の大三角

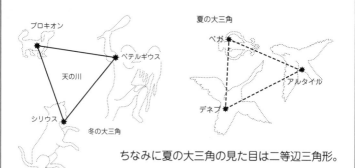

プロキオン

ベテルギウス

天の川

シリウス

冬の大三角

夏の大三角

ベガ

アルタイル

デネブ

ちなみに夏の大三角の見た目は二等辺三角形。

45 ウ

しし座の1等星はレグルス（白）、うしかい座はアークトゥルス（だいだい）、さそり座はアンタレス（赤）です。

46 小石

小石がいちばん重いから、いちばん河口近くに積もります。

47 火山灰

「凝」の訓読みは「こる」。「凝り固まる」なんて言いますよね。
「凝灰岩」は「灰が固まってできた岩石」という意味です。

48 断層

地震の原因になるのが活断層ですね。

49 三角州

川が山間から平野や盆地にでたところにできる扇型の地形（扇状地）と勘違いしないようにしましょう。

50 流水の三作用、侵食（けずりとる）、運搬（運ぶ）、あと1つは？

答え

51 ある地層を観察すると、地表に近いところから順に泥の層、砂の層、小石の層となっていました。この3つの地層が海底で積もったころ、水深は浅くなったと考えられる？ 深くなったと考えられる？

答え

52 図のような不自然な地層の重なりを不整合といいます。Bの地層が堆積したあと、Aの地層が堆積するまでに、どんなことが起こったと考えられる？

ヒント：地層はふつうどんなところで積もる？「←」のギザギザは何かに侵食された跡なんだけど、何に？どこで？

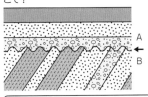

A

B

答え

53 正しいのはどれ？

ア 地震の規模を表すマグニチュードは1大きくなると地震の規模は10倍になる。

イ 地震の震度は日本では気象庁が発表するが、世界共通のものだ。

ウ 震度は体感や被害状況から出すのではなく、計算式がある。

エ 震度は0〜7までに分けられていて、それ以上細かくは分けられていない。

答え

54 川が曲がったところの下流から見た断面をスケッチすると、どれになる？

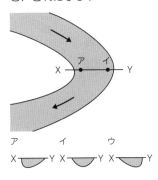

ア イ ウ
X◯Y X◯Y X◯Y

ヒント：川が曲がっているところでは、外側のほうが流れが速いよ。

答え

答え 50 ▶ 54

50 堆積（積もらせる）

この作用によって地層ができ、それが長い年月の間におし固められて岩石になるんですね。

51 深くなった。

地層は下から順につもります。
下のほうに粒があらいもの（浅いところに積もる）、上のほうに
粒が細かいもの（深いところに

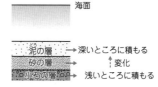

積もる）が積もっているということは、はじめ浅かったのが、だんだん深くなっていったことがわかります。

52 地層が陸上にでた。

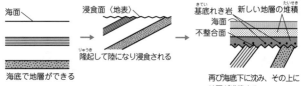

53 ウ

ア　マグニチュードは1大きくなると、規模は31.5倍になる

イ　日本が使う「震度」は日本独自のもの

エ　震度5と6はそれぞれ「5強」「5弱」「6強」「6弱」に分かれている

54 ウ

外側のほうが流れが速いので、川岸がけずりとられてがけになります。内側は川原になります。

55 空全体を10の広さとしたとき、雲の量が7だったら、くもり?

答え

56 天気図の記号○が表す天気は?

答え

57 日本をとり巻く大きな気団（高気圧）のうち、夏に発達するDの気団の名前は?

ヒント：このあたりには○○○諸島があるよね。

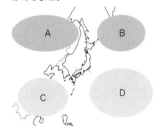

答え

58 日本の冬の典型的な気圧配置が「西高東低」ですが、**57**のどの気団が発達する?

答え

59 夏の暑い日に、竜巻が起こりやすいのはどうして?

答え

55 晴れ

雲の量	天気
0〜1	快晴
2〜8	晴れ
9〜10	くもり

と決まっています。

56 快晴

円は空を表していると考えましょう。雲1つない空です。

記号	○	①	◎	●	⊗	◑
天気	快晴	晴れ	くもり	雨	雪	みぞれ

57 小笠原気団

これに日本列島がおおわれると、むし暑い夏になるのです。

58 A

A はシベリア気団。寒いシベリアの上空にある気団が発達するのです。

59 地上付近の空気が熱せられて軽くなり、上昇気流が起こり、そこへ空気が流れこんで竜巻になるから。

積乱雲

竜巻の移動方向

60 海水浴に行くと、陸と海の
どちらがあたたまりやすいか
わかります。どちらがあたたま
りやすい?

答え

61 低気圧が近づくと、天気は
良くなる? 悪くなる?

答え

62 赤道付近でできる熱帯低気
圧で、風速が17.2m／秒以上
になったものを台風といいま
すが、台風に「○号」以外の名
前があるって、本当?

答え

63 図は湿度計です。湿度が低
い日、左右の温度計の差が大き
くなります。どうして?
ヒント:人が暑いときに汗をかくの
はどうしてだろう?

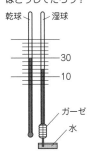

乾球　湿球
30
10
ガーゼ
水

答え

64 どうして冬になると太平洋
側は乾燥した晴天が続く?

答え

31

⑥⓪ 陸

昼に砂浜に立つと熱くてたまらないけど、水に入ったら冷たいから、陸のほうがあたたまりやすいとわかります。

⑥① 悪くなる

低気圧は空気が地面をおさえつける力（気圧）が低いので、上昇気流ができて雲ができやすいのです。

⑥② 本当

台風にはアジアのあちこちの地域の言葉で名前がつけられます。「トカゲ」「ヤギ」など日本語のものも。

⑥③ 水分がさかんに蒸発し、気化熱をうばうので右側のほうが低くなるから。

人が暑いときに汗をかくのも、汗が蒸発するときにうばう気化熱によって体温を下げるためです。

⑥④ 北西の季節風が本州の日本海側の山脈にぶつかって大雪を降らしたあと太平洋側にくるから。

日本海上でたっぷりの水蒸気を含んだ季節風が、日本海側で山の斜面をのぼるとたくさんの雲ができます。これが「どか雪」を降らせます。水蒸気を失って乾燥した空気は、「からっ風」となって太平洋側に流れこんできます。

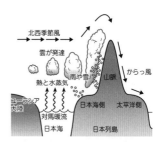

65 水溶液の酸性・中性・アルカリ性を調べるのに使う、BTB溶液の色の変化の覚え方は「君どアホ」です。表の□に入る色は？

酸性	中性	アルカリ性
黄色	緑	

答え

66 BTB溶液と同じように水溶液の酸性・中性・アルカリ性を調べるのに使う、ムラサキキャベツ液の色の変化の覚え方は、「あかぴん村の緑の木」です。表の□に入る色は？

酸性		中性	アルカリ性	
赤		紫(むらさき)	緑	黄

答え

67 塩酸・炭酸水・ホウ酸水などに共通する性質は？

答え

68 水酸化ナトリウム水溶液・石けん水・石灰水(せっかいすい)などに共通する性質は？

答え

69 67・68のどちらの性質ももたない水溶液の性質は？

答え

70 塩酸（塩化水素）と水酸化ナトリウム水溶液（水酸化ナトリウム）を中和させると何ができる？

塩化 水素 ＋ 水酸化 ナトリウム
└── 水 ──┘
└──── ? ────┘

ヒント：塩化ナトリウムって、何のことだろう？

答え

71 100℃のお湯を使って「こさ30％の食塩水」はつくることができる？

答え

答え ▶

65 青

「アホ」つまり青です。

66 ピンク

ムラサキキャベツ液はムラサキキャベツを煮出すだけでできる指示薬。カラフルに色が変わるのでつくっていろんな水溶液で試してみましょう。

67 酸性

硫酸やミョウバン水溶液も酸性です。

68 アルカリ性

アンモニア水などもアルカリ性です。

69 中性

食塩水、砂糖水などは中性です。

70 食塩水（食塩と水）

塩化ナトリウムは、食塩のことですね。さっそくおうちの食卓塩の成分表示を見てみましょう！

71 できない

食塩は水の温度が100℃のとき、水100gに約39.3gとけます。こさ（％）は、

$$\frac{とけているものの重さ}{水溶液全体の重さ} \times 100 で求められますから、$$

$$\frac{39.3}{139.3} \times 100 = 28.2\cdots\cdots \quad よってつくることができません。$$

72 こさ40％のアルコール水は
つくることができる？

答え

73 何の結晶かな？

ア　ミョウバン
イ　ホウ酸
ウ　食塩

答え

74 酸素の性質を表す文の
（　　）に入るのは？

・空気より重い（空気の約1.1倍）。
・空気の約21％を占める。
・物が燃えるのを（　　）はたらき
　がある。

答え

75 二酸化炭素の性質を表す文
の（　　）に入るのは？

・空気より重い（空気の約1.5倍）
・空気中に約0.04％含まれる
・水にとかすと（　　）になる
・石灰水にふきこむと白くにごる

ヒント：みんなもよく飲むんじゃな
いかな？

答え

76 水素の性質を表す文の
（　　）に入るのは？

・あらゆる気体の中で最も軽い（空
　気の約0.07倍）。
・火をつけるとポンと音をたてて燃
　え、（　　）ができる。

答え

77 酸素を発生させるときに用
いる固体と液体の組み合わせ
は？

ア　石灰石と塩酸
イ　二酸化マンガンと過酸化水素水
ウ　アルミニウムと塩酸

答え

72 できる

アルコールは水に無限にとけます。だから食塩ではできない30％や40％のアルコール水溶液もつくることができます。

73 ウ

ミョウバンは八面体、ホウ酸は六角板状です。

ミョウバン

ホウ酸

74 助ける

「助燃性」といい、酸素があるから物が燃えるんですね。

75 炭酸水

76 水

燃えて水になるから水の素、水素なんですね。

77 イ

このとき二酸化マンガンは変化せず、過酸化水素水が酸素と水に分解するのを助けるはたらきをします（触媒）。

78 二酸化炭素を発生させると
きに用いる固体と液体の組み
合わせは?

ア 石灰石と塩酸
イ 二酸化マンガンと過酸化水素水
ウ アルミニウムと塩酸

答え

79 水素を発生させるときに用
いる固体と液体の組み合わせ
は?

ア 石灰石と塩酸
イ 二酸化マンガンと過酸化水素水
ウ アルミニウムと塩酸

答え

80 空気中に最も多く含まれる
気体は?

答え

81 ろうそくの炎の正しい名前
の組み合わせは?

	①	②	③
ア	外炎	炎心	内炎
イ	外炎	内炎	炎心
ウ	内炎	外炎	炎心

答え

82 使い捨てカイロを使う前と
使ったあとに重さをはかると、
重くなっている? 軽くなっ
ている?

答え

83 音の3要素は、音の強弱・
音色、あとは何?

答え

84 「やまびこ」は、音が物に当
たって( )することによっ
て起こります。( )に入る
のは?

答え

答え 78 ▶ 84

78 ア
石灰石はとけて別の物質ができます。

79 ウ
アルミニウムはとけていきます。

80 ちっ素
空気のおよそ8割（78%）を占めます。

81 イ
最も芯に近い部分が、炎の中心、炎心です。

82 重くなっている
使い捨てカイロの中では、炎は出ないですが、物が燃えるのと同じようなことが起こっています。使い捨てカイロの中身は鉄粉、水分、保水剤としてバーミキュライト、空気中の酸素を集める活性炭などが入っています。中身の鉄粉がさびる（酸素と結びつく）化学反応で熱が出るんですね。だから使ったあとは、鉄粉に結びついた酸素の重さだけ、重くなります。

83 音の高低
音の高低は、振動しているものの1秒間の振動数で決まります。

84 反射
音は硬い物に当たると反射し、柔らかい物に当たると吸収されます。

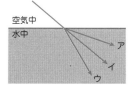

85 光の３つの性質とは、光の直進、光の反射、あとは何？

答え

86 光は白っぽい物に当たると反射しますが、黒っぽい物に当たると（　　）ます。（　　）に入るのは？

答え

87 光が空気中から水中に差しこみます。どのように進む？

空気中
水中

ア
イ
ウ

答え

88 熱の３つの伝わり方は、伝導、対流、あとは何？

答え

89 とっても寒い日。半ズボンで公園のベンチに座ります。木のベンチ、鉄のベンチ、どっちが冷たく感じる？
ア　木のベンチ
イ　鉄のベンチ
ウ　どっちも同じ温度だから同じ

答え

90 水は0℃でこおり、100℃でふっとうします。どうしてそんなにぴったりなの？

答え

答え 85 ▶ 90

85 屈折

光は性質の違うものに入って進むとき、その境目で曲がって進みます。手軽に自分で確かめることができますね。

86 吸収され

熱も吸収されるので、夏に黒い服を着ていると暑いんですね。

87 ウ

光は空気中から水中に入るとき、水面から離れるように曲がります。

88 放射

（1）金属など固体の中を順に伝わるのが伝導、（2）液体などあたたまった部分が上に移動し、動きながら熱が伝わるのが対流。（3）放射は炎や太陽の熱など、離れたところに直接伝わる熱の伝わり方。（3つの図）

（1）伝導　　　（2）対流　　　（3）放射

89 イ

金属は熱を伝えやすいので、体から急速に熱をうばっていくから冷たく感じるのです。

90 水がこおる温度を0℃、ふっとうする温度を100℃と決め、その間を100等分したから。

40

91 自動車のブレーキランプ、信号の「止まれ」などが全部赤い光なのはどうして？

答え

92 図の丸底フラスコは、加熱する実験に適した形をしています。どうして？

答え

93 図の三角フラスコは、置いて使うのに適していますが、加熱には適していません。どうして？

答え

94 下の図はペトリ皿（シャーレ）といいますが、もともとどんな実験のためにつくられたものでしょうか。

ア　２つの水溶液を混ぜてようすを見るため

イ　少量の薬品を加熱するため

ウ　細菌を培養するため

答え

91 赤色の光は波長が長く、遠くまで届くから。

人が見ることができる7つの色（虹の7色）は、波長が長いものから順に「赤・だいだい・黄色・緑・青・藍・紫」です。波長が長いほど、遠くに届きます。波長の短い光は、同じ距離を進むのに何度も往復するので、空気中のちりなどにぶつかってしまう可能性が高いからです。

夕焼けを考えてみましょう。地面に対して斜めに光が当たり、光は空気中の長い距離を進んできます。その間に紫色よりの色の光は空気中のちりやほこりにさえぎられて、赤よりの光だけが地面に届くのです。

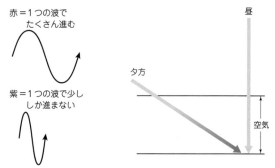

92 熱が溶液全体に均一に伝わりやすいから。

93 割れるおそれがあるから。

底を平らにしているため丸底フラスコに比べてひずみが大きく、加熱や圧力がかかる実験には向きません。

94 ウ

コロニー（細菌の集まり）を見つけやすくするため、フタの部分にレンズが入れられているものもあります。

95 下の図の器具はメスシリンダーといいますが、何に使うもの?

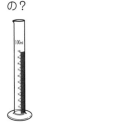

答え

96 下の図の実験器具の名前は?

答え

97 アルコールランプに入れるアルコールは、7〜8分目がいいのですが、その理由は?

ア 少ないと、すぐにアルコールがなくなってしまうから

イ 少ないと、爆発する危険があるから

ウ 少ないと、うまく炎がつかないから

答え

98 顕微鏡の接眼レンズと対物レンズ、どっちを先につける?

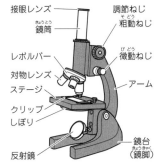

接眼レンズ

鏡筒

レボルバー

対物レンズ

ステージ

クリップ

しぼり

反射鏡

調節ねじ

粗動ねじ

微動ねじ

アーム

鏡台
(鏡脚)

答え

99 温度計やメスシリンダーなどの目盛りを読むとき、気をつけなければならないことは?

答え

43

95 水など液体の体積をはかる

メスシリンダーの「メス」には「計量」といった意味があります。

96 こまごめピペット

今から100年近く前に東京都立駒込病院の院長だった二木謙三という人が発明したことから、この名前だそうです。

97 イ

中のアルコールの気体に火がついて爆発する危険があります。

98 接眼レンズ

鏡筒の中にほこりやゴミが入るのを防ぐため、まず接眼レンズから装着します。正しい使い方は次のとおり。

1 直射日光が当たらない明るい場所に顕微鏡を設置
2 接眼レンズをつける
3 対物レンズをつける
4 接眼レンズをのぞきながら、反射鏡で明るさを調節
5 プレパラートをのせる
6 横から見ながら、プレパラートと対物レンズの距離をできるだけ近づける
7 接眼レンズをのぞきながらプレパラートと対物レンズの距離を長くしていき、ピントを合わせる

99 液面の中央部分を、真横から見る

Aだと実際より大きく、Bだと実際より小さく読み取ってしまいます。

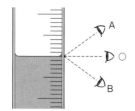

4大テーマ
思考問題編
パート 2

テーマ ① 生物

レベル ▼

謎解きツール ▼ 書き出して比べる

問題 1

一般に、同じ種類の生物でも寒い地域の生物のほうが、あたたかい地域の生物よりも体が大きいという傾向があります。

たとえば北極圏に生息するホッキョクグマと、東南アジアなどに生息するマレーグマ。

ホッキョクグマは「世界最大の肉食獣」といわれ、体長が2〜3mもある一方、マレーグマは体長が1〜1.5mしかありません。

寒い地域の哺乳類の体長が大きくなる原因は、生きていくために体表からの熱の放出をおさえる必要があるからですが、なぜ体長が大きいほうが有利なのでしょうか。

「表面積・体積（または体重）・熱」ということばを使って説明してみてください。

答え

この「同じ種類の生物でも寒い地域の生物のほうが、あたたかい地域の生物よりも体が大きい」という傾向を、このことに気づいた人の名前から「ベルクマンの法則」といいます。

たとえば体長1mのマレーグマと、体長2mのホッキョクグマを、立方体に置き換えてくらべてみましょう。

	体長（長さ）	表面積の比	体積（体重）の比
マレーグマ	1 1m	1×1=1	1×1×1=1
ホッキョクグマ	2 2m	2×2=4	2×2×2=8

体長がマレーグマの2倍のホッキョクグマは、体の表面積（体長の2乗）がマレーグマの4倍、体積（体長の3乗）は8倍にもなります。

体積が8倍で表面積が4倍ということは、同じ体積あたりで比べると表面積が小さく、熱を失いにくいと言えますね。

答え　体長が2倍になると体の表面積が4倍、体積は8倍になり、同じ体積あたりで比べると失う熱が小さくなるため

問題 2

渋谷教育学園渋谷中学の入試問題レベル

. . . .

ある植物は、図のように1枚の葉が出てから、角度にして前の葉と135度はなれた上部に次の葉がつきます。これを繰り返し、次々と葉が出てくるとき、はじめてある葉の真上に葉がつくのは、下の葉を1枚目とすると何枚目の葉になるでしょうか。

植物を上から見た図

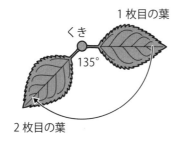

. . . .

答え

枚目

　1枚の葉がついてから次の葉がつくまでの角度が135度なので、くきを中心に135度ずつ回転していく様子を考えましょう。また1枚目の葉の真上に葉がつくということは、回転角の合計が360度の倍数ということになります。

つまり、135度と360度の最小公倍数を求めるとよいことがわかりますね。

135と360の最小公倍数は1080度
$1080 \div 135 = 8$
1枚目の葉が出たあと8枚の葉が出ると、ちょうど1枚目の葉の真上になります。

$1 + 8 = 9$枚目

答え　**9枚目**

問題 3

植物の葉の表裏、くきからは、常に水分が蒸発しています。
これを蒸散といいます。これについて実験しました。

茎の長さ、葉の数と大きさの同じ枝を3本用意し、それぞ
れを試験管の水にさして2時間放置し、水がどのくらい
減ったかを調べると、下の表のような結果になりました。
（ワセリンをぬったところからは水分が蒸発しません）

	A	B	C	D
ワセリンを ぬったところ	なし	葉の表	葉の裏	くき
減った水〔cm³〕	2.5	2.1	0.7	

上の表の空欄に入る数字は何でしょうか。
ただし、植物以外からは水の蒸発はなかったものとします。

ヒント

わかっていることを、下の表に書きこんで求めましょう。

	葉の表	葉の裏	くき	減った水〔cm³〕
A	○	○	○	2.5
B	×	○	○	
C				
D				

答え

表をうめると、いろんなことがわかってきます。

	葉の表	葉の裏	くき	減った水〔cm³〕
A	○	○	○	2.5
B	2.5−2.1=0.4	○	○	2.1
C	○	2.5−0.7=1.8	○	0.7
D	○	○	×	

すると、表のDの「葉の表」「葉の裏」からの蒸散量がそれぞれ0.4、1.8だとわかるので、くきからの蒸散量は、

2.5−（0.4+1.8）=0.3

空欄に入る数字は、

2.5−0.3=2.2
または、
0.4+1.8=2.2です。

答え　2.2

50

問題 **4**

ある森林の腐葉土を10g ずつ３つのシャーレに採取しました。１番目のシャーレからは生物ＡとＢを全部取り除き、重さをはかると8.2g でした。２番目のシャーレからは生物ＢとＣを全部取り除き、重さをはかると7.4g でした。３番目のシャーレからは生物ＡとＣを全部取り除き、重さをはかると6.6g でした。この森林の腐葉土10g に生息する生物Ｂの重さは何 g でしょうか。

（この森林の腐葉土には、生物Ａ～Ｃがどこも均一に生息しています。）

生物A	生物B	生物C	合　計
○	○		10−8.2=1.8

答え

g

取り除いた生物の重さだけ、10よりも軽くなるんですね。
表の空欄にわかる数字を入れていきましょう。

生物A	生物B	生物C	合 計
○	○		10−8.2=1.8
	○	○	10−7.4=2.6
○		○	10−6.6=3.4

そして、すべてを合計するとこうなります。

生物A	生物B	生物C	合 計
○	○		10−8.2=1.8
	○	○	10−7.4=2.6
○		○	10−6.6=3.4
○○	○○	○○	1.8+2.6+3.4=7.8

だから、

ABC の合計は　7.8÷2=3.9

Bの生物の重さは　3.9−3.4=0.5〔g〕

答え　**0.5g**

赤い花を咲かせる純系のマツバボタンのもつ遺伝子を AA、白い花を咲かせるマツバボタンのもつ遺伝子を aa とします。この２つのマツバボタンを交配（受粉）させると、それぞれ遺伝子を１つずつ組み合わせて Aa の遺伝子をもつマツバボタンばかりでき、すべて赤色の花を咲かせました。これを表に表すと下のようになります。

	A	A
a	Aa	Aa
a	Aa	Aa

Aの遺伝子はaの遺伝子よりも形質が優先的に表れ、これを「優性」といいます。

だから、Aa の遺伝子をもつマツバボタンはすべて赤色の花を咲かせたのです。

Aa の遺伝子をもつ赤色のマツバボタンどうしを交配させると、できた種から赤と白のマツバボタンの花が全部で360本咲きました。白の花は何本咲いたでしょうか。

答え

本

答え ▶ 問題5

交配の結果は、下の表のようになります。

	A	a
A	AA	Aa
a	Aa	aa

AA：Aa：aa= 1：2：1 という割合になっています。
白い花を咲かせるマツバボタンの遺伝子は aa ですから、
360÷（1+2+1）=90〔本〕咲くことになります。

答え　**90本**

問題 6

ある生物の幼生と成体の重さは、1匹あたりそれぞれ200mg、700mg です。ここにあるシャーレに、この生物の成体と幼生がたくさん入っており、その数の比は幼生：成体＝2：3です。シャーレの中身の重さが7.5g のとき、幼生は何匹いるでしょうか。

答え

匹

表にしてみましょう。幼生：成体の数の比が2：3です
から、幼生2匹、成体3匹が基本です。

幼生〔匹〕	2	4	6
成体〔匹〕	3	6	9
重さ〔g〕	2.5	5	7.5

幼生2匹　200〔mg〕×2=400〔mg〕
成体3匹　700〔mg〕×3=2100〔mg〕
400+2100=2500〔mg〕=2.5〔g〕

表を完成させると、幼生は6匹だとわかりますね。

答え　**6匹**

ある森林にすむセキツイ動物（魚類・両生類・は虫類・鳥類・哺乳類）のうち、体温を一定に保つことができない動物の割合は55％で、一生肺呼吸をする動物の割合は60％です。この森林にすむセキツイ動物のうち、は虫類は何％を占めているでしょうか。

答え

%

セキツイ動物について整理すると、

	魚類	両生類	は虫類	鳥類	哺乳類
体温を一定に保つことができる	×	×	×	○	○
呼 吸	えら	えら⇒肺	肺	肺	肺
生まれ方	卵生	卵生	卵生	卵生	胎生
体 表	うろこ	粘膜	うろこ	羽毛	体毛

求めたいのははは虫類ですから、体温を一定に保つことができない生物で、一生肺呼吸の生物です。問題の条件を表にまとめましょう。

	体温が一定	体温が一定でない	合計
一生肺呼吸			60
えら呼吸の時期あり	X		40
合 計	45	55	100

上の表からわかるとおり、一生のうちでえら呼吸の時期がある動物はすべて変温動物です。つまり表のXは0%とわかります。これさえわかればあとは引き算ですべて出すことができますね。

	体温が一定	体温が一定でない	合計
一生肺呼吸	45	15	60
えら呼吸の時期あり	0	40	40
合 計	45	55	100

は虫類は、一生肺呼吸で体温が一定でない動物、つまり15%です。

答え　**15%**

問題 8

あるキャベツ畑でモンシロチョウを20頭捕まえました。この20頭に印をつけてはなし、また次の日に同じ場所でモンシロチョウを30頭捕まえたところ、30頭のうち6頭に印がついていました。このキャベツ畑にはおよそ何頭のモンシロチョウがいると考えられるでしょうか。

ヒント

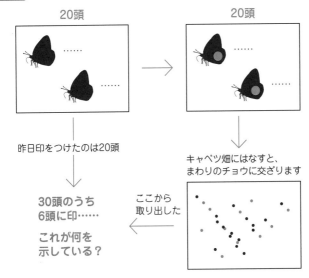

20頭

20頭

昨日印をつけたのは20頭

キャベツ畑にはなすと、まわりのチョウに交ざります

ここから取り出した

30頭のうち
6頭に印……

これが何を
示している？

答え

頭

はじめに捕まえた20頭のモンシロチョウが、キャベツ畑にいるモンシロチョウ全体に対して、どれくらいの割合かを考えます。

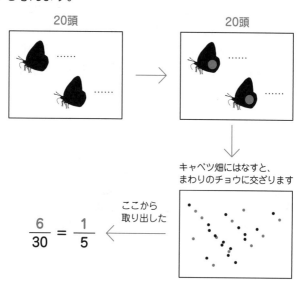

20頭

20頭

キャベツ畑にはなすと、
まわりのチョウに交ざります

ここから
取り出した

$$\frac{6}{30} = \frac{1}{5}$$

はじめに印をつけた20頭が、キャベツ畑にいるモンシロチョウ全体のおよそ$\frac{1}{5}$だということがわかります。

だから、このキャベツ畑にいるモンシロチョウは全部でおよそ 20×5=100〔頭〕と考えられます。

答え　100頭

下のグラフは、あるこん虫が卵でうまれてから成虫になるまでの生存率を表しています。このこん虫が、グラフの最後の時点で一度産卵して一生を終えるとすると、このこん虫のメス1匹あたり何個の卵をうめば、このこん虫は増えも減りもせず、一定数を保つことができると考えられるでしょうか。

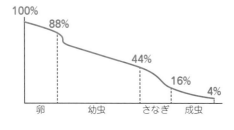

🔑ヒント

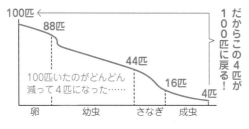

と考えると……

答え

個

4匹ともが卵をうめるわけではありません。

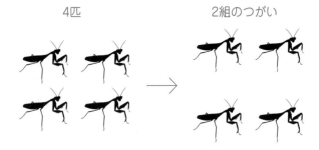

4匹 → 2組のつがい

4匹から2組のつがいができると考えると、1組のつがい（メス1匹）の産卵数が50個であれば、2組のつがいからもとの100個の卵がうまれます。

答え　**50個**

問題
10

. . . .

明太子（スケトウダラの卵巣をつけこんだもの）の粒の数を数えようと思います。すべて数えるのは大変なので、工夫することにしました。

- ・1腹（1匹のメスからとれる卵巣）の重さは80g
- ・明太子0.1gを正確に取り出して、含まれている卵の数を数えると、697個だった

以上のことがわかっています。1腹の明太子に含まれる卵はおよそ何個でしょうか。

. . . .

ヒント
空欄に数字を入れて考えてみましょう。

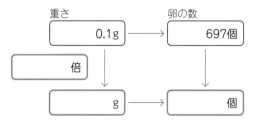

答え

個

非常に多いものの数を考えるときの代表的な方法の1つです。小さなところで正確に個数を数え、全体の重さが調べた重さの何倍かがわかれば、かければいいのです。

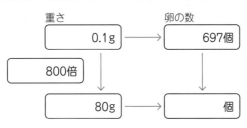

0.1gの中に697個も卵が入っているんですね。1腹の卵巣は80gですから、0.1gの800倍になります。
卵の数は全部で 697×800 で求められます。

さて、筆算筆算……もいいのですが、工夫して楽に計算しましょう。
697をほぼ700と考えて、700×800を計算し、そこから「実際にはない3」を、まとめて800個分引くと楽です。

$$697×800$$
$$=(700-3)×800$$
$$=700×800-3×800$$
$$=560000-2400$$
$$=557600$$

でいいですね。

答え **557600個**

顕微鏡（けんびきょう）であるプランクトンを観察していたら、下の図のように少し中心からずれていました。視野の真ん中にもってきて観察したいのですが、プレパラートをア～クのどの方向に動かせばよいでしょうか。

（顕微鏡や天体望遠鏡では、上下左右が逆に見えています。）

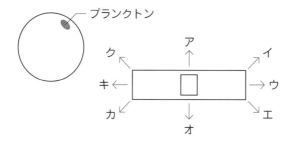

答え

通常なら、プランクトンを左下にもってきたいからプレパラートを力の向きに動かせばいいと考えるのですが、顕微鏡は上下左右が逆に見えているため、実際に動かす方向は、その逆のイです。

答え　イ

鎌倉学園中学の入試問題レベル

ハワイは西経150°、日本との時差は−19時間です。

世界の標準時刻はイギリスの旧グリニッジ天文台で、経度0°です。経度0°のグリニッジ天文台よりも東にある地域（東経180°まで）は、イギリスよりも早く1日（その日の午前0時）が始まり、西にある地域（西経180°まで）は、1日がイギリスよりも遅く始まります。

地球の自転速度は1日1回転、360°です。360÷24＝15より、1時間あたり15°で、これにより時差ができます。日本は東経135°で、135÷15＝9〔時間〕、イギリスの間に時差があります。日本で1日が始まって9時間後、イギリスでは1日が始まります。

アメリカ・ハワイ州は西経150°に位置します。（150＋135）÷15＝19〔時間〕、ハワイで1日が始まるのは日本のあとです。

さて、ピキ君は日本時間で8月12日の午前9時に成田空港を出発し、17時間かかってハワイに到着しました。そしてハワイ到着の30

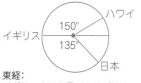

西経：
イギリスよりも遅く1日が始まる

イギリス
150°
135°
ハワイ
日本

東経：
イギリスよりも早く1日が始まる

時間後、ホノルル国際空港を出発しました。ホノルル国際空港を出発したのは、現地時間の何月何日何時でしょうか。

答え		
月	日	時

表にして整理しましょう。とにかくハワイは日本との時差が19時間。日本よりあとで1日が始まるということは、日本である日の19時になったときに、ハワイではその日の午前0時を迎えるということです。

この旅行の行程の「日本時間」を表に書きこみます。

	日本時間	ハワイ現地時間
日本出発	8/12　9時	
ハワイ到着	8/12　9+17=26〔時〕 =8/13　2時	
ハワイ出発	8/13　2+30=32〔時〕 =8/14　8時	? ↑

－19時間

ハワイを出発するのは日本時間の8月14日の8時ですが、ハワイの現地時間とは19時間のずれがあります。ハワイは日本よりも1日が19時間遅れて始まります。
つまり日本時間で8月14日の8時でも、ハワイではまだ8月14日は始まっていません。
19時間だけ、時間を戻さなければなりませんね。
　8月14日8時＝8月13日32時　ですから、
　ハワイの現地時間は8月13日、32－19=13時　です。

　　　　　答え　**8月13日13（午後1）時**

地球全体の表面積のうち、海の割合は70%です。また、海全体のうち北半球の海の占める割合は$\frac{3}{7}$、陸全体のうち南半球の陸の占める割合は$\frac{1}{3}$です。地球の表面積のうち、北半球の陸の占める割合は何%でしょうか。

答え

%

表にして整理しましょう。

	陸	海	全 体
北半球		30	
南半球	10		
地球全体	30	70	100

問題文に示されている条件だけで表をうめると、上のようになります。あとの部分は引き算でうめられますね。

	陸	海	全 体
北半球	20	30	50
南半球	10	40	50
地球全体	30	70	100

地球全体の表面積100のうち、北半球の陸は20なので、20%です。

答え　**20%**

問題
14

渋谷教育学園渋谷中学の入試問題レベル

. . . .

自動車や電車に乗って窓から外を見ていると、まわりの電柱や建物は次々と移動していくのに、月はずっと同じ位置に見えていて「ついてくる」ように感じることがあります。
このことを説明するために、ピキ君は次のような実験をしました。

〈実験〉
ピキ君はにゃんたろう君のすぐ前に立ち、その向こうには離れた位置にある木が見えています。
いま、ピキ君は左に向かって歩いてみました。
そのときの様子を表したのが、下の図です。
この実験をもとに「月がついてくる」理由を説明してみましょう。

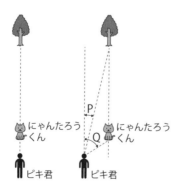

. . . .

答え

71

ピキくんが移動した距離は同じでも、遠くにあるものの
ほうが見た目の位置の変化（Pの角度）が近くにあるも
の（Qの角度）より小さくなることがわかります。

月は地球から38万kmも離れたところにあるため、地上
で数km移動しても位置の変化が小さすぎて、いつも同
じ位置にある（ついてくる）ように見えるんですね。

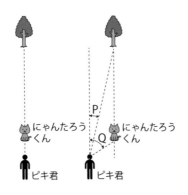

答え　はなれたところにあるものほど見た目
の位置の変化が小さく、位置が変わら
ないように錯覚するため

問題 15

「日の出」「日の入り」という言葉の定義は、どちらも下の図のように「太陽の上の端が地平線と重なったとき」です。

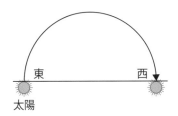

東　　　　　　　　西

太陽

さて、春分の日や秋分の日は「昼の時間の長さと夜の時間の長さが同じ」（つまりどちらもピッタリ12時間）ということですが、先程の「日の出、日の入りの定義」から考えると、すこし違ってきます。
昼と夜、どちらが長くなると考えられるでしょうか？

答え

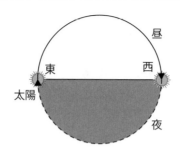

図のように、もしも日の出、日の入りが「太陽の中心と地平線が重なったとき」であれば、昼と夜の長さはどちらも12時間となります。

※実際には、地球の大気によって太陽光が屈折するなどの理由により、やはりぴったり12時間にはならないようです。

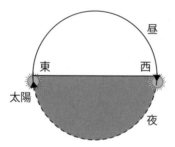

実際の日の出、日の入りの定義だと、図のように昼の長さのほうが長くなりますね。

答え **昼**

白百合学園中学の入試問題レベル

光は1秒間に30万km進みます。太陽から地球までの距離は1億5000万kmですが、太陽の光は何分何秒かかって地球に届いているのでしょうか。

答え
　　　　　　　　　　　　　　　分　　　　　　　　秒

図にすると以下のようになります。

光の速さ
秒速30万km

1億5000万km

1億5000万 km ÷30万 km

で何秒かかるか計算できますね。

1億5000万 km と30万 km の両方から、「万 km」をとって計算すると、

15000÷30＝500秒（8分20秒）とわかります。

答え　**8分20秒**

問題 17

芝中学の入試問題レベル

地球上から見た満月の大きさは、次のア〜ウのものを手に持ってまっすぐ腕をのばして見たとき、どれの大きさにいちばん近いでしょうか。

地球から月までの距離を38万 km、月の直径を3500km、目からのばした腕の先までの長さを0.5m として考えてみましょう。

ア　500円玉　　　イ　50円玉　　　ウ　5円玉の穴

ヒント

下の図に、わかっている長さを書きこんで計算してみましょう。

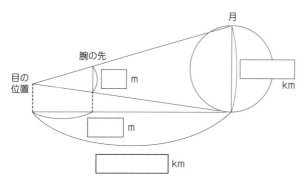

答え

計算してみましょう。

図にすると下のようになります。

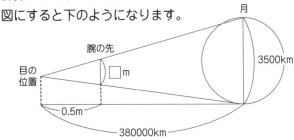

目の位置から腕の先までの長さを約50cm（0.5m）とします。

地球から月までの距離は380000km、月の直径は3500kmです。

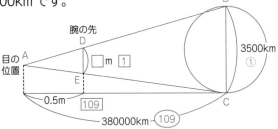

3500km を三角形 ABC の底辺、380000km を三角形 ABC の高さと考えると、高さは底辺のおよそ109倍になります。

三角形 ADE も三角形 ABC と同じ形のはずですから、底辺の109倍が高さのはず。だからこの三角形 ADE の底辺は、0.5m ÷109＝0.0045……〔m〕

およそ5mm、つまり5円玉の穴と同じくらいです。

答え **ウ**

問題
18

ピキ君の家は公園から見て東へ100mの場所にあります。
にゃんきち君の家は、公園から見て南へ100mの場所にあ
ります。ピキ君の家から見て、にゃんきち君の家はどちら
の方向に見えるでしょうか。

ヒント

1マスを100mと見立てて、いろいろかいて調べてみましょう。

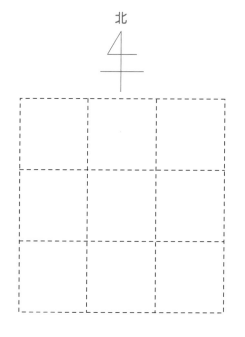

答え

答え ▶ 問題 18

図のような位置関係になります。

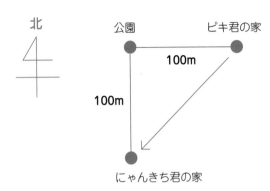

問題 19

下の図の●地点に立っているピキ君が、まっすぐ北に進んで1つ目の角で右に曲がり、さらに1つ目の角で左に曲がり、また1つ目の角で左に曲がりました。
今ピキ君は東西南北のどちらに向かって進んでいるでしょうか。

🔑ヒント

下の図にかきこんで調べてみましょう。

北

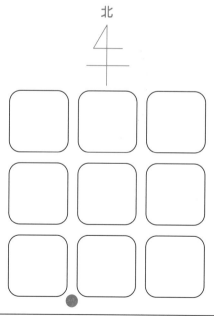

答え

テーマ ❷ 地学　レベル　謎解きツール▼ 図を描く

図のように進んだことになります。

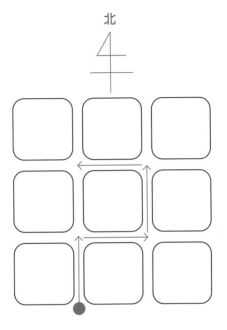

答え　**西に向かって進んでいる**

問題 20

ある海岸で、ふき流し（円形の枠に筒状の布をつけ、棒の先につけて風になびかせるもの）を観察すると、南南西の方角になびいていました。このときの風向きはなんでしょうか。

答え

風向きは「風がふいていく方角」ではなく「風がふいてくる方角」なので、ふき流しがなびいている方角ではなく、その逆の方角です。16方位で確認すると、南南西の逆は北北東です。

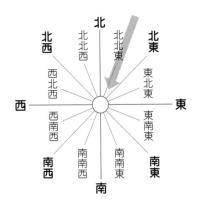

答え　**北北東**

問題 21

図は、ある日の日の出から日の入りまでの太陽の動きを、透明半球（とうめいはんきゅう）上に記録したものです。曲線全部の長さは60cmで、以下のことがわかっています。

- Aは8時、Bは9時、Cは10時、Dは11時、Fは13時の記録
- Eは太陽の南中時の記録
- AとBの間の長さは6cm
- DEの長さは5.6cm

この観測地点での太陽の南中時刻は何時何分でしょうか。

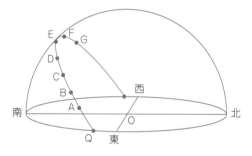

答え

　　　　　　　　　時　　　　　　　　　　分

1時間あたり、太陽が透明半球上を動く長さは6cmで
す。またDからFまでは2時間分ですから、12cmにな
ります。DEは5.6cmですから、EFは12－5.6＝6.4cm
で、DE：EF＝7：8より、DFを比例配分できます。

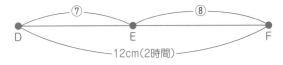

⑦＋⑧＝⑮

が2時間（120分）ですから、

　⑮＝120〔分〕

　①＝ 8 〔分〕

　⑦＝56〔分〕

よってこの地点での太陽の南中時刻は、11時56分です。

答え <u>11時56分</u>

問題 **22**

地震の波は、伝わるのは速いが揺れが小さいP波、伝わるのが遅いが揺れが大きいS波の2種類の波で伝わります。まずP波が伝わると小刻みな揺れが生じ（これを初期微動といいます）、のちにS波が伝わると、大きな揺れを感じます。P波が伝わってからS波が伝わるまでの時間（初期微動継続時間）は震源からの距離が大きいほど長く、これを利用して地震の発生時刻や震源位置などを計算することができます。下の表は、ある地震のP波、S波が伝わった時刻と、その場所の震源からの距離を表しています。C地点の震源からの距離は何 km でしょうか。

場所	P波が伝わった時刻	S波が伝わった時刻	震源からの距離〔km〕
A	午後7時20分20秒	午後7時20分30秒	80
B	午後7時20分25秒	午後7時20分40秒	120
C	午後7時20分35秒	午後7時21分00秒	

答え

km

答え ▸ 問題22

P波が伝わってからS波が伝わるまでの時間（初期微動継続時間）に注目してグラフにするとスッキリ考えやすくなります。

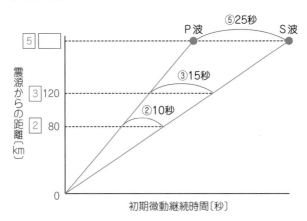

初期微動継続時間は震源からの距離に比例して長くなるので、グラフより、

震源からの距離　　初期微動継続時間
A　②80km　　　　②10秒
B　③120km　　　③15秒
C　⑤km　　　　　⑤25秒

①=40km
⑤=200km

答え　**200km**

図のように見える星座がオリオ
ン座で、2つの一等星を持ちま
す。北半球で観測すると、左上
にあるのが赤色の一等星ベテル
ギウス、また右下にあるのが青
白色の一等星、リゲルです。

ベテルギウス

リゲル

北半球で観測すると、東の地平
線からのぼったオリオン座が南中し、西の地平線に沈むま
での様子は、図のようになります。

| 東 | 南 | 西 |

それでは、南半球にあるオーストラリアで観測すると、地
平線に沈むオリオン座はどのように見えるでしょうか。

ア

西

イ

西

ウ

西

答え

南半球にあるオーストラリアでは、日本で観測する天体を、図のように「上下逆さ」に見ている状態になります。

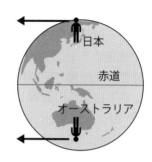

また南半球にあるオーストラリアでは、天体は「南中」するのではなく、北の空高くにのぼります。

つまりオーストラリアで観測すると、東の地平線からのぼったオリオン座が北の空高く上がり、西の地平線に沈むまでの様子は、図のようになります。

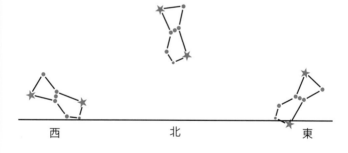

答え イ

図は、ある地域のP、Q地点を通って流れる河川R付近の地形図です。

河川RはPからQ、またはQからPのどちらに流れているか、この図だけでわかるでしょうか。

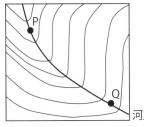

河川R

ア　PからQに流れている

イ　QからPに流れている

ウ　この図だけではわからない

答え

河川は、標高の低いところ（谷）を流れます。つまり、川に近づいていくと標高は下がっていきます（谷に降りていく）。

地形図上で、川の方に近づいて（谷へと下って）いきましょう。

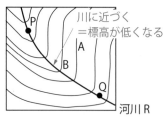

等高線AよりBの方が
標高が低い

図のように川に近づいていくと標高が低くなる、つまり等高線Aよりも等高線Bのほうが標高が低いことがわかります。

川は高いところから低いところへ、つまりQからPに向かって流れています。

答え　**イ**

問題 25

地面に斜め下にトンネルをまっすぐ掘っていくと、途中までは下り坂なのですが、トンネルは曲がっていないのに、あるところから上り坂になるそうです。なぜでしょうか。

出口 ← 　　　　　　地面　　　　　　↙ 入口

答え

ふつうに考えると、入口から出口までまっすぐなままで、途中<small>(とちゅう)</small>までは下り坂、途中から上り坂なんて、下の図のようにありえないですよね。

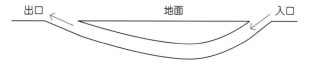

でも、これを地球的規模で考えてみましょう。

そうです。地球は丸いのです。

トンネルがまっすぐでも、いつか地上に出るはずです。

下の図を見てください。

あるところから斜め<small>(なな)</small>下にまっすぐトンネルを掘<small>(ほ)</small>っていくと、必ずどこかで地上に出るはずですね。この長い長いトンネルのはじめの半分は下り坂、残りの半分は上り坂のはずです。

答え **地球が球形だから。**

問題 26

女子学院中学の入試問題レベル

月は自転と公転の周期（1回転にかかる日数）がどちらも27.3日で、いつも同じ面を地球に向けています。図を参考に、下のア〜エから正しいものを選びましょう。

ア　月のある地点から観測を続けると、地球は西からのぼって東へ沈む。1日の長さは地球上の1日とほぼ同じ。

イ　月のある地点から観測を続けると、地球は西からのぼって東へ沈む。1日の長さは地球上の1か月とほぼ同じ。

ウ　月のある地点から観測を続けると、地球はずっと同じ位置に見える。1日の長さは地球上の1日とほぼ同じ。

エ　月のある地点から観測を続けると、地球はずっと同じ位置に見える。1日の長さは地球上の1か月とほぼ同じ。

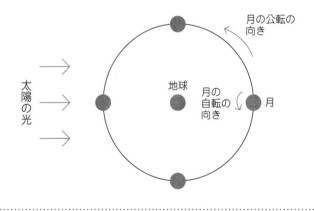

答え

図のＡにある月面上の●地点で地球や太陽を観測しているとします。いつも地球に同じ面を向けているということは、Ａで地球の真正面にあった●点は、Ｂまで移動しても地球の真正面ということがわかります。

つまり、月から見ると地球はずっと同じ位置に見えるのです（のぼったり沈んだりしません）。

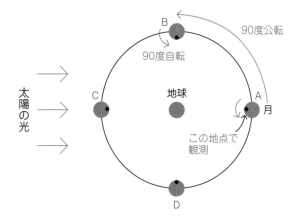

ちなみに月がＡの位置のとき、●は正午くらいです（太陽が正面、つまり南中しています）。Ｂまで移動すると昼と夜の境目、つまり夕方。こんどはＣまで移動します。すると太陽の光はまったく当たらなくなります。これが月の真夜中。そしてＤまでくると、再び昼と夜の境目、つまり夜明けです。

つまり月は１回の自転周期が地球の27.3日で、この時間が月の１日ということになります。

答え　**エ**

問題 **27**

方位を表す言葉には「東・西・南・北」（4方位）があり
ますが、それだけでなく「南東（南と東の間）・南西（南
と西の間）」などを含めた8方位、そしてさらにその間を
それぞれ2等分した16方位もあります（下の図）。
ある日の夕方、ピキ君は真南の方向にある海に向かって
「バカヤロー」と叫んでいたのですが、飛んでいる海鳥に
気を取られて右回りに75°回り、船の汽笛に気がついて45°
左回りに回り、さらに野良猫
の鳴き声におどろいて右回り
に127.5°回ってしまいました。
さて、いまピキ君の正面の方
角はどちらでしょうか。右の
図を参考に考えてみましょう。

答え

右回りに回った角度の合計が75+127.5＝202.5°

左回りに回った角度は45°

つまり、202.5－45＝157.5°だけ、右回りに回ればいいん
ですね。

16方位の方角間の角度は360÷16＝22.5°だから、

　157.5÷22.5＝7

南を向いた状態から7つだけ右回りに回ります。

360÷16＝22.5°

答え　**北北西**

地球から見える星の明るさ
は、その星自体の明るさと、
地球からの距離(きょり)によって決
まります。地球からの距離
が2倍になれば、見た目の

明るさは$\frac{1}{2\times2}$倍になりま

す。それは、星の光が四方
八方に広がりながら進むの
で、光が当たる面積が距離^2
倍になるからです。(右図参
照)

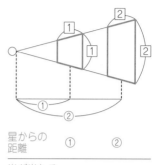

星からの距離	①	②
光が当たる面積	$1\times1=1$	$2\times2=4$
↓ 明るさ	1	$\frac{1}{2\times2=4}$

地球からの距離と見た目の

明るさが下の表のようになっている4つの星A〜Dがあり
ます。その星自身の明るさが最も明るい星はどれでしょうか。

	A	B	C	D
地球からの距離	1	4	2	3
見た目の明るさ	1	0.5	0.25	1

※星Aの地球からの距離、見た目の明るさをそれぞれ1として表し
ています。

※見た目の明るさ2は1の2倍明るく、0.5は1の半分の明るさとし
て表しています。

答え

星Aと同じ「地球からの距離1」だったらどれくらいの明るさになるかを考えます。

例えば星Bは地球からの距離が4なので、地球からの距離が1のところまで移動させると、見た目の明るさは4×4倍になるはずです。

	地球からの距離	見た目の明るさ	地球からの距離を1にしたときの明るさ
B	4	0.5	0.5×4×4＝8
C	2	0.25	0.25×2×2＝1
D	3	1	1×3×3＝9

となり、星Dが最も明るく、星Cは星Aと同じ明るさだということがわかります。

答え　D

開成中学の入試問題レベル

気象衛星「ひまわり」は、日本の南の赤道上空36000km
の場所で、地球のまわりを地球の自転と同じく24時間で1
回転しています。このため、「ひまわり」は日本の上空の
雲のようすを1日中撮影することができ、「静止衛星」と
呼ばれるのです。

さて、ここで疑問なのですが、赤道上空ではなく日本の上
空を周回し続けることはできないのでしょうか。また、ひ
まわりの周回速度はどのくらいでしょうか。

次のア〜エから選びましょう。（音速はおよそ秒速340m
です。）

ア　日本上空を周回し続けることはできる。速度は音速よ
　　り速い。
イ　日本上空を周回し続けることはできる。速度は音速よ
　　り遅い。
ウ　日本上空を周回し続けることはできない。速度は音速
　　より速い。
エ　日本上空を周回し続けることはできない。速度は音速
　　より遅い。

答え

人工衛星は、図のように地球の中心を中心とした軌道上を周回します。

つまり、日本の上空を通過しようとすれば、地球の中心をはさんで日本の反対側を通過しなければならず、日本上空だけを周回し続けることはできません。だから赤道上空なんですね。

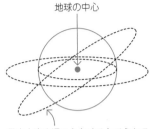

地球の中心

日本上空を通ろうとするとこうなる

さて、「ひまわり」の周回速度ですが、地球の半径を約6000km、円周率を3として計算してみると、

・軌道の半径：6000+36000=42000〔km〕
・軌道の直径：42000×2=84000〔km〕
・軌道の円周：84000×3=252000〔km〕

これを24時間かけて周回するから、時速は、

252000÷24=10500〔km/時〕

ちなみに音速は毎秒340m だから時速になおすと、

0.34〔km/秒〕×3600〔秒〕=1224〔km/時〕

「ひまわり」のほうが大幅に速いことがわかりますね。

答え　ウ

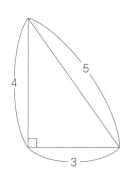

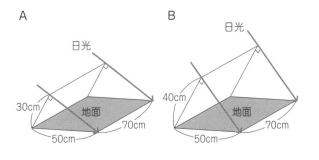

問題
30

女子学院中学の入試問題レベル

昼の間に気温が上がるのは、太陽によって地面が温まり、その熱で空気が温まるからです。朝方や夕方は太陽高度が低くなり、地面に対して光がななめに当たります。すると、光の量は同じでも、垂直に当たる場合と比べて広い面積に光が当たること

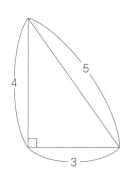

になり、同じ面積あたりの地面が受け取る熱の量は、小さくなります。次の A と B の場合、同じ面積あたりの地面が太陽から受け取る熱の量の比は A：B でどうなるでしょうか。必要なら右上の直角三角形の辺の比を利用して答えてください。

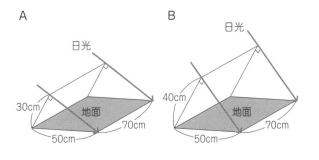

答え

:

答え ▶ 問題30

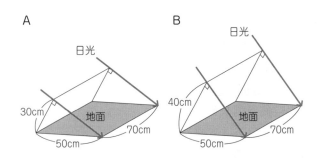

A の場合は、本来、

　30×70＝2100cm²にあたるはずだった光が、

　50×70＝3500cm²にあたっています。

つまり同じ面積あたりの地面が受け取る熱は、日光が垂直に地面に当たった場合の $\frac{3}{5}$ ということになります。

B の場合も同様に考えると、$\frac{4}{5}$ ということになり、A のときと B のときで同じ面積あたりの地面が受け取る熱の比は、

　$\frac{3}{5} : \frac{4}{5}$ ＝3：4となります。

つまり辺の長さそのものの比（30：40＝3：4）になります。

答え **3：4**

問題 **31**

ピキ君があるものの重さをはかると89.2g だったのですが、ピキ君は上皿てんびんに分銅をのせる回数が最小になるよう、気をつけてのせました。このとき、右の皿に分銅をのせたり下ろしたりした回数は、全部で何回だったでしょうか。のせる、下ろすをそれぞれ1回と考えます。

〈上皿てんびんの使い方〉 ※右ききの人の場合

① 上皿てんびんを水平な場所に置き、左右の皿をのせる。
② 何ものせていないときにつりあっているか確認する。
　 つりあっていなければ調節ネジを使ってつりあわせる。
③ 重さをはかりたいものを左の皿にのせる。
④ 分銅を、重いものから順に右の皿にのせ（分銅をのせ、
　 重すぎた場合は下ろし、軽い分銅をのせる）、つりあっ
　 たときの分銅の重さを合計する。

〈200g用分銅セットの内容〉

重さ〔g〕	100	50	20	10	5	2	1	0.5	0.2	0.1
個数	1	1	1	2	1	2	1	1	2	1

ヒント

のせるを↑、下ろすを↓として、表を完成させると回数がわかります。

重さ〔g〕	100	50	20	10	5	2	1	0.5	0.2	0.1
矢印	↑↓	↑								

答え

☐ 回

のせたけど下ろした⇒↑↓

のせたまま⇒↑

のせなかった⇒記入なし

重さ〔g〕	100	50	20	10	5	2	1	0.5	0.2	0.1
矢印	↑↓	↑	↑	↑↑↓	↑	↑↑		↑↓	↑	

という結果になります。

↑と↓の矢印の個数を数えると答えが出ますね。

① 100g の分銅をのせた⇒重すぎたので下ろした

② 50g の分銅をのせた⇒そのまま

③ 20g の分銅をのせた⇒そのまま

④ 10g の分銅をのせた⇒そのまま

⑤ 10g の分銅をもう一つのせた

⇒重すぎたので下ろした（物体は90g より軽い）

⑥ 5g の分銅をのせた⇒そのまま

⑦ 2g の分銅をのせた⇒そのまま

⑧ 2g の分銅をもう一つのせた⇒そのまま

⑨ 1g の分銅はのせなかった（ここで1g のせると、分銅の合計が90g となるが、⑤で物体が90g より軽いことが判明しているから）

⑩ 0.5g の分銅をのせた⇒重すぎたので下ろした

⑪ 0.2g の分銅をのせた⇒ここでつりあった

これが行った作業のすべてです。

↑↓の個数を数えましょう。

答え　**13回**

重いものを運ぶための道具として「コロ」というものがあります。

丸太などを運ぶものの下に引き、回転させることで上に載せたものを移動させます。

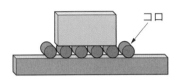

いま、下の図のような「コロ」を使って木材を右に移動させることを考えます。

コロが右に移動した距離に比べて、木材が移動した距離はどうなるでしょうか。

ア　コロが移動した距離より短い

イ　コロが移動した距離と同じ

ウ　コロが移動した距離より長い

答え

答え ▶ 問題32

コロと地面が接している部分を P 点、木材とコロが接している部分を Q 点とします。

コロが1回転すると、コロは円周の長さ分だけ P 点から右に移動します。

また木材も同様に、コロによって円周の長さ分だけ右に押し出されるので、Q 点はコロよりも円周の長さ分だけ右に移動します。

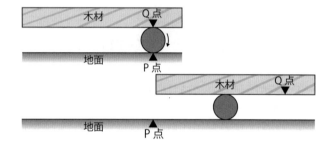

答え　ウ

問題
33

西大和学園中学の入試問題レベル

· ·

東に向かって秒速20m で進んでいる電車の中で、進行方向と逆方向に秒速5m で進んでいるにゃんきち君を、地上で西に向かって秒速10m で進んでいるピキ君から見ると、どちらの方向に向かって秒速何 m で進んでいるように見えるでしょうか。

· ·

🔑 **ヒント**

東に進む速さを右矢印（→）、西に進む速さを左矢印（←）で図に表して考えましょう。

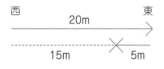

静止している人から見ると、東に向かって秒速20m で進んでいる列車の中で、進行方向と逆方向（西向き）に秒速5m で進んでいるにゃんきち君は、差し引き秒速15m で東に向かって進んでいるように見えます。

それをピキ君が見ると……

┌─────────────────────────────────────┐
│ 答え   │
│   に向かって秒速   m   │
└─────────────────────────────────────┘

答え ▶ 問題33

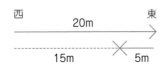

静止している人から見ると、東に向かって秒速20mで進んでいる列車の中で、進行方向と逆方向（西向き）に秒速5mで進んでいるにゃんきち君は、差し引き秒速15mで東に向かって進んでいるように見えます。

このにゃんきち君を、地上で西に向かって秒速10mで進んでいるピキ君が見るから、

左の図のように、2人は1秒間に25m離れることになります。

答え　**東に向かって秒速25m**

問題 34

ある温度で、音は空気中を 1 秒間に340m の速さで進んでいきます。今、680m 離れた岸壁に向かって、静止した船が短く汽笛を鳴らしました。汽笛を鳴らしてから、岸壁で反射した音が聞こえるまでに、何秒かかったでしょうか。

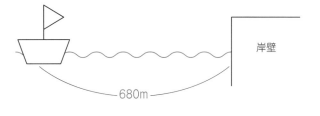

岸壁

680m

答え

秒

答え ▶ 問題34

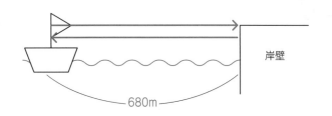

岸壁

680m

680m 離れた岸壁で反射して戻ってきたわけですから、
音が進んだ距離は 680×2=1360〔m〕です。

かかる時間は 1360÷340=4〔秒〕

答え   4秒

問題 35

ある温度で、音は空気中を1秒間に340mの速さで進んでいきます。今、1440m離れた岸壁に向かって秒速20mで進んでいる船が、短く汽笛を鳴らしました。汽笛を鳴らしてから、岸壁で反射した音が聞こえるまでに、何秒かかったでしょうか。

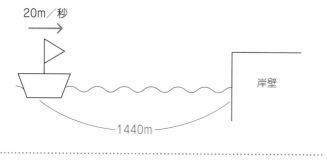

答え

秒

答え ▶ 問題 35

船も音も進みますから、しっかり図を描いて考えましょう。

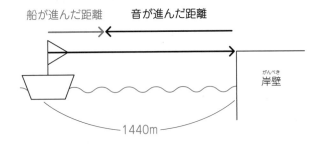

音が進んだ距離と船が進んだ距離の合計が 1440×2=2880〔m〕ということになります。

音と船が進む距離の合計は、1秒あたり、

　340+20=360〔m〕

この速さで2880m 進んだと考えればいいんですね。

　2880÷360=8〔秒〕

答え　**8秒**

問題
36

聖光学院中学の入試問題レベル

身長144cm のピキ君が鏡の前に立っています。ピキ君は全身のファッションコーディネートをチェックしたいのですが、鏡の縦の長さは最低何 cm あればよいでしょうか。

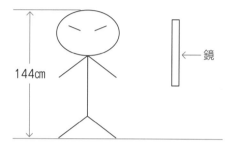

144cm

← 鏡

答え

cm

115

答え ▶ 問題36

鏡に自分の姿を映すという
ことは、「もう一人の自分
が鏡の中に入っている」と
いうこと。

この
状態(^ ^)

だから、実際に入れた図を描けばよい！

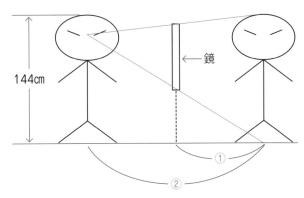

144cm

← 鏡

①

②

三角形の相似により、身長の2分の1の縦の長さがあれ
ばいいことがわかります。

144÷2=72

答え **72cm**

問題
37

下の図は鏡の前に立つA君、B君、C君、D君、E君のようすを上から見たところです。A君から見たとき、A君自身もふくめて鏡の中に姿が見えない人はいるでしょうか。いる場合は、だれでしょうか。

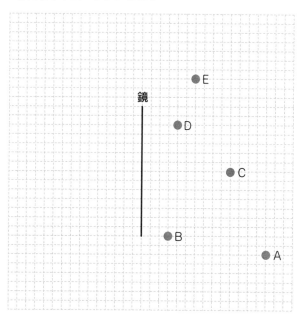

答え

答え ▶ 問題 37

全員「鏡の中」に入れ、それを鏡の外のA君から見たときに、視線が鏡の表面を通れば、鏡の中に映って見えます。

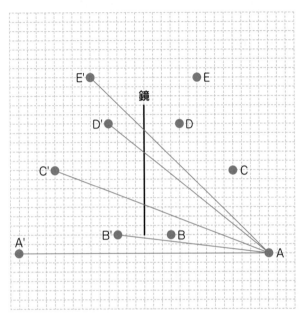

答え　**A君、B君**

問題
38

下の図のように、鏡のO点に光が60°の角度で当たり、60°の角度で反射しています。いま、鏡がO点を中心に15°時計回りに回転しました（点線の状態）。反射光はもとの反射光から何度ずれるでしょうか。

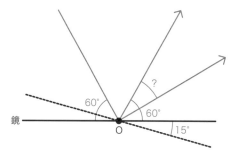

答え

鏡が15°回転したので、図の角 AOB の大きさは、

　　60−15=45° になります。

すると鏡に対して光が45°の角度で反射しますから、右側の角 DOC の大きさも45°になります。だから角 DOE の大きさは、

　　60+15−45=30° となります。

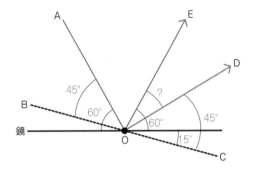

実は鏡が何度回転しても、

　　反射光のずれ＝鏡の回転角×2

となるのです。中学入試頻出の問題ですね。

答え　**30°**

問題 39

直方体のレンガを、台の端から何 cm まで突き出せるか実験しました。図1のようなレンガを台の端からだんだん突き出していくと、図2のように台の端から直方体のレンガを12cm よりも大きく突き出したときに、レンガは台から落ちました。図3のように図1のレンガを2枚重ねて台から突き出すと、最大で台の端から何 cm 突き出す（図3のPQ の長さ）ことができるでしょうか。

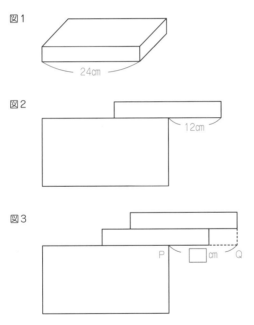

図1
24cm

図2
12cm

図3
P ☐ cm Q

答え

cm

レンガを台から12cmまでしか突き出せないのは、その位置にレンガの「重心」（ものの重さがかかっている1点）があると考えられるからです。重心が台から突き出ると、落下してしまうということです。

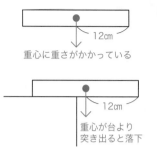

重心に重さがかかっている

12cm

重心が台より突き出ると落下

上に重ねたレンガを、下のレンガからどれくらいずらすことができるかを考えます。下のレンガを台と考えると、上のレンガは下のレンガから12cm突き出せることがわかります。

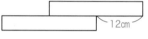

12cm

このとき、重なった2枚のレンガを一体のものと考えると、その重心は2枚のレンガの重心の中央になるはずです。

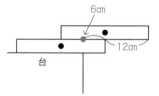

6cm

12cm

台

この2枚のレンガの重心の「合成点」が台の端から突き出なければ、2枚のレンガは台から落ちることはありません。だからPQの長さは12+6=18〔cm〕です。

答え **18cm**

問題 40

あるコンロで300g の水をふっとうさせるのに、20分かかりました。水を900g にして、コンロの火力（同じ時間で水に与えることができる熱量）を2倍にすると、何分でふっとうするでしょうか。ただし、コンロの発生する熱はすべて水に与えられるものとします。

ヒント

書き出して比べてみましょう。水の量や火力とかかる時間には比例の関係があるのか、反比例の関係があるのか、じっくり考えましょう。

	水〔g〕	火力	時間〔分〕
はじめ	300	1	20
	↓	↓	↓
	×3	×2	× ☐ ÷ ☐
	↓	↓	↓
あと	900	2	

答え

分

水の量が多ければ多いほど、時間は長くかかります。

↓

水の量とかかる時間は比例の関係（水の量が2倍になると、かかる時間は2倍になる）

火力が強ければ強いほど、時間は短くなります。

↓

火力とかかる時間は反比例の関係（火力が2倍になると、かかる時間は0.5倍になる）

だから、以下のように書き出して考えることができます。

	水〔g〕	火力	時間〔分〕
はじめ	300	1	20
	↓	↓	↓
	×3	×2	× ③ ÷ ②
	↓	↓	↓
あと	900	2	30

答え　**30分**

問題
41

球を斜面（しゃめん）から転がして木片にぶつけて、木片が動いた距離（きょり）を調べます。（木片が動く距離は、球を転がし始める高さと、球の重さに比例します。）

100g の球を24cm の高さから転がして木片にぶつけたとき、木片は15cm 動きました。50g の球を32cm の高さから転がすと、木片は何 cm 動くでしょうか。

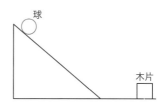

球

木片

⌕ヒント

下の表に書きこんで考えてみましょう。

球の重さ〔g〕	球をはなす高さ〔cm〕	木片が動いた距離〔cm〕
100	24	15
↓ × ☐	↓ × ☐	↓ × ☐ × ☐
☐	☐	☐

答え

cm

125

中学受験でも非常によく出てくるタイプの問題です。球が衝突するときのエネルギーは、球を転がし始める高さと、球の重さに比例します。このエネルギーで木片が動くのです。

球を転がし始める高さ、そして球の重さがもとの何倍になっているかを書き出して考えればOKです。

球の重さ〔g〕	球をはなす高さ〔cm〕	木片が動いた距離〔cm〕
100	24	15
↓ × $\boxed{0.5}$	↓ × $\boxed{\dfrac{4}{3}}$	↓ × $\boxed{0.5}$ × $\boxed{\dfrac{4}{3}}$
50	32	10

答え **10cm**

問題 42

ふりこの長さやおもりの重さ、持ち上げる高さをいろいろ変え、おもりが最下点にきたとき木片（もくへん）にぶつける実験をし、木片が動いた距離（きょり）を表にしました。

ふりこの長さと木片が動く距離にはどんな関係があるでしょうか。また、表の空欄（くうらん）に数字をいれましょう。

	ふりこの 長さ〔cm〕	おもりを 持ち上げた 高さ〔cm〕	おもりの 重さ〔g〕	木片が 動いた距離 〔cm〕
A	50	10	100	18
B	50	15	100	27
C	75	20	100	36
D	75	15	200	54
E	100	10	100	18
F	200	5	300	

	ふりこの 長さ〔cm〕	おもりを 持ち上げた 高さ〔cm〕	おもりの 重さ〔g〕	木片が 動いた距離 〔cm〕
A	50	10	100	18
	↓×	↓×	↓×	↓×　×
F	200	5	300	

🔍ヒント

例えばAとEを比べてみるなど、よく考えてみましょう！

答え

AとEを比べると、ふりこの長さ以外はすべて条件が同じで、結果も同じということがわかります。つまり、ふりこの長さは木片が動く距離に影響しないことがわかります。

そしてAとBを比べると、おもりを持ち上げた高さは木片が動く長さに比例し、BとDを比べると、おもりの重さと木片が動く距離は比例することがわかります。

	ふりこの長さ〔cm〕	おもりを持ち上げた高さ〔cm〕	おもりの重さ〔g〕	木片が動いた距離〔cm〕
A	50	10	100	18
	↓× 4	↓× 0.5	↓× 3	↓× 0.5×3
F	200	5	300	27

答え

ふりこの長さと木片が動く距離＝関係がない。

空欄の数字＝27

問題 43

モノコードを使って、張った弦の長さ、断面積、おもりの重さをいろいろ変えて弦をはじいたときの音の高さを比べました。すると、A・C・Eの音の高さが同じでした。
もう1つ、A・C・Eと同じ高さの音が出るものがあります。どれでしょう。

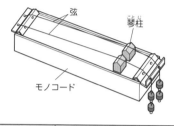

弦
琴柱
モノコード

	長さ〔cm〕	断面積〔cm²〕	おもりの重さ〔g〕
A	10	0.4	100
B	10	0.8	100
C	20	0.4	400
D	20	0.4	200
E	20	0.2	200
F	40	0.8	800
G	40	0.2	800

答え

書き出して比べ、弦の長さ、断面積、おもりの重さが音の高さとどう関係しているか調べましょう。

まずAとCを比べます。

	長さ〔cm〕	断面積〔cm²〕	おもりの重さ〔g〕
A	10	0.4	100
C	20 ×2	0.4	400 ×4

弦の長さを2倍⇒おもりの重さを2^2倍で同じ高さ

次に、CとEを比べます。

	長さ〔cm〕	断面積〔cm²〕	おもりの重さ〔g〕
C	20	0.4	400
E	20	0.2 ×$\frac{1}{2}$	200 ×$\frac{1}{2}$

断面積（弦の太さ）を$\frac{1}{2}$倍⇒おもりの重さを$\frac{1}{2}$倍で同じ高さ

さて、もう1つ同じ高さの音が出るのはGで条件を満たしていることがわかります。

	長さ〔cm〕	断面積〔cm²〕	おもりの重さ〔g〕
E	20	0.2	200
G	40 ×2	0.2	800 ×4

答え　　**G**

問題 44

図のように、斜面上のいろいろな高さからおもりを転がし、P点から飛び出して床面上のどこにはじめに着地するかを調べました。おもりの重さ、おもりを転がし始めた高さと、P点の真下のQ点から水平に何cmの位置に着地したかをまとめたのが、下の表です。表の空欄に入る数字は何でしょうか。

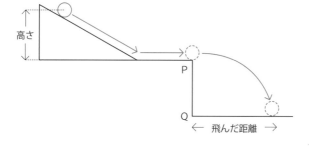

	おもりの重さ〔g〕	おもりをはなした高さ〔cm〕	飛んだ距離〔cm〕
A	100	20	15
B	100	40	21
C	200	20	15
D	200	80	30
E	150	180	45
F	300	160	

答え

おもりの重さ、おもりをはなした高さ、そして飛んだ距
離を書き出して整理してみます。

※AとCを比べます。

	おもりの重さ〔g〕	おもりをはなした高さ〔cm〕	飛んだ距離〔cm〕
A	100	20	15
C	200	20	15

おもりの重さが変わっても、おもりをはなした高さが同
じなら、飛んだ距離は同じだとわかります。

※CとD・Eを比べます。

	おもりの重さ〔g〕	おもりをはなした高さ〔cm〕	飛んだ距離〔cm〕
C	200	20	15
D	200	80	30
E	150	180	45

$\times 2^2$) $\times 3^2$ $\times 2$) $\times 3$

おもりをはなした高さが2^2倍になると、飛んだ距離が2
倍に、おもりをはなした高さが3^2倍になると、飛んだ距
離が3倍になることがわかります。

※FはBと比べます。

	おもりの重さ〔g〕	おもりをはなした高さ〔cm〕	飛んだ距離〔cm〕
B	100	40	21
F	300	160	

$\times 2^2$ $\times 2$

飛んだ距離は 21×2=42〔cm〕となります。

答え **42cm**

問題
45

桜蔭学園中学の入試問題レベル

乾電池2個を直列につなぎ、10cm の長さの電熱線をつないだ回路をつくり、その電熱線で50g の水を熱すると、ビーカーの水は1分間で2℃上昇しました。

このことについて次のことがわかっています。
・発熱量は乾電池の直列個数の2乗に比例する
・発熱量は電熱線の長さに反比例する

では、乾電池3個を直列につなぎ、その回路に30cm の電熱線をつないで、15℃で500g の水が入った水そうに10分間つけておくと、温度は何℃になるでしょうか。

答え

℃

答え ▶ 問題45

乾電池の 直列個数〔個〕	電熱線の 長さ〔cm〕	時間〔分〕	発生した熱 (水の重さ×上昇温度)
2	10	1	$50 \times 2 = \boxed{100}$
1	10	1	$\boxed{100} \div 2^2 = \boxed{25}$
↓×3	↓×3	↓×10	
3	30	10	$25 \times 3^2 \div 3 \times 10 = \boxed{750}$

水の重さ×上昇温度 =750

そして水の重さは500g ですから、

$750 \div 500 = 1.5$ 〔℃〕温度が上昇するはず。

$15 + 1.5 = 16.5$ 〔℃〕になります。

答え   <u>**16.5℃**</u>

問題
46

ある国の国王が、金物職人に金の王冠(おうかん)をつくらせました。950gの金を職人に渡し、1か月後には完成した王冠が届きました。大満足の国王ですが、町では職人が金をくすね、かわりに銅を混ぜて王冠をつくったとのうわさが。不審(ふしん)に思った国王は、国でいちばんのキレ者といわれるアルキデス君を城に呼びました。そして歩きでやってきたアルキデス君に、真相の解明を依頼(いらい)しました。アルキデス君に国王が伝えた情報は次の通り。

・職人に渡した金は950gで、でき上がった王冠も950g
・金1cm³あたりの重さは約19g、銅1cm³あたりの重さは約9g

この難問、アルキデス君は見事解決したのですが、そのポイントは「体積」でした。アルキデス君が王冠の体積をはかったところ（どうやって体積をはかったかも考えてみてね）、70cm³だったのです。
本来金だけでできていたら、金1cm³の重さは19gなので、王冠の体積は、

　950÷19=50cm³のはずです。

さて、職人は銅を何cm³まぜたのでしょうか。

答え

cm³

これは算数の「つるかめ算」で解くことができることが
わかったでしょうか？

70cm³の王冠がすべて金でできていたら、

19×70=1330〔g〕になる。

でも実際には950gだったわけです。
重さを減らす必要がありますね。

1330−950=380〔g〕重さを減らすことを考えます。

1cm³の金を銅に交換すると、
19−9=10〔g〕重さを減らすことができます。

380÷10=38〔cm³〕金を銅に交換すればいいことが
わかります。

ちなみに、アルキデス君がどうやって王冠の体積をは
かったかというと、いっぱいに水を張ったバケツに王冠
を沈め、あふれた水をバケツの下に置いてあったたらい
に取り、その水の体積をはかったのでした。

答え **38cm³**

問題 **47**

甲陽学院中学の入試問題レベル

図のような装置を使って、光に関する実験を行います。
暗室で、発光器から発射した光を鏡で反射させ、スクリーンに映します。鏡は両面が鏡で反時計回りに1秒間に1回転し、図のようになったときだけ細いスリットを反射光が通って、光がスクリーンに映ります。発光器からは0.7秒ごとに一瞬光が発射されます。図は、光が発射され、回転する鏡に反射してスクリーンに映った瞬間です。

このあとスクリーンには、何秒ごとに光が映るでしょうか。

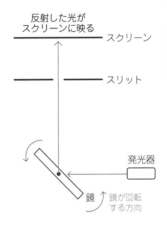

反射した光が
スクリーンに映る —— スクリーン

—— スリット

発光器

鏡 ↑ 鏡が回転
する方向

答え

秒ごと

注意しなければならないのは、鏡の両面が鏡になっているということです。つまり鏡は1秒で1回転しますが、鏡が図の状態になるのは半回転ごと、つまり0.5秒ごとということになります。

光は0.7秒ごとに発射されますから、ちょうどタイミングが合うのは鏡が図の状態になる0.5秒ごとと、光が発射される0.7秒ごとの公倍数ということになります。

0.5と0.7の最小公倍数は3.5、つまり3.5秒ごとにスクリーンに光が映ることになります。

答え　**3.5秒ごと**

問題 48

図1のような水そうに水を入れ、両側の水面にピストンを浮かべました。このとき、左右の水面（ピストンの下面）は同じ高さでした。ピストンは自由に上下できるものとします。水そうの左側の水面の断面積は20cm²、右側の水面の断面積は35cm²です。いま、図2のように左右のピストンにおもりをのせると、左右の水面は同じままでした。これは、水面部分にかかっている圧力（1cm²あたりにかかる重さ）が、

左側　100〔g〕÷20〔cm²〕=5〔g/cm²〕
右側　175〔g〕÷35〔cm²〕=5〔g/cm²〕

でつりあっているからです。
次に右側のおもりを取り去ると、図3のようになりました。このときの左右の水面の高さの差（図のX）は何cmでしょうか。ただし水1cm³の重さを1gとします。

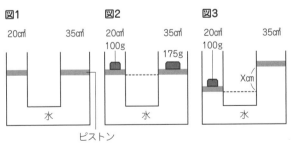

答え

cm

左側の水面が下がり、右側の水面が上がることで、左側の水面と同じ高さの部分より上にある右側部分の水が、175gのおもりと同じ役割をしているのです。つまり図の赤色部分の水の重さが175g、水1cm³の重さは1gですから、体積は175cm³です。

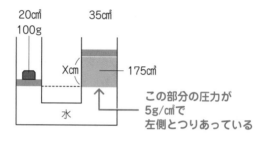

右側部分の水面の断面積は35cm²ですから、Xの長さは 175÷35＝5〔cm〕となります。

ちなみに、圧力（1cm²にかかる重さ）が左右でつりあえばよいので、圧力が5 g/cm²になればいいということは水の高さは計算するまでもなく5cmといえますね（右図参照）。

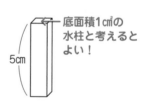

底面積1cm²の
水柱と考えると
よい！

答え　**5cm**

ある温度で、音は空気中を1秒間に340mの速さで進んでいきます。今、岸壁（がんぺき）に向かって秒速20mで進んでいる船が、8.5秒間汽笛を鳴らしました。汽笛の音は岸壁にいる人に何秒間聞こえたでしょうか。

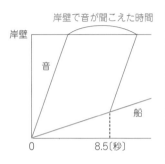

岸壁で音が聞こえた時間

岸壁

音

船

0　　　　　8.5〔秒〕

ヒント

考え方の基本は、音と船の速さの比が、
　340：20＝17：1　ということです。

速ければ速いほど、同じ距離（きょり）を進むときにかかる時間は短くなるはずで、速さとかかる時間には逆比の関係があります。

速さ2倍⇒かかる時間$\frac{1}{2}$

速さ3倍⇒かかる時間$\frac{1}{3}$

　　　　　$\vdots$

答え

　　　　　　　　　　　　　　　　秒間

グラフを描いてみます。グラフの縦軸(じく)は、船が音を鳴らし始めた位置から岸壁(がんぺき)までの距離(きょり)、横軸が時間です。

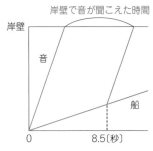

岸壁で音が聞こえた時間

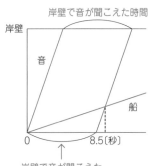

岸壁で音が聞こえた時間

↑
岸壁で音が聞こえた
時間と等しい

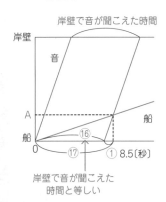

岸壁で音が聞こえた時間

↑
岸壁で音が聞こえた
時間と等しい

音は船に比べて大幅(おおはば)に速さが速いので、あっという間に岸壁に到達(とうたつ)します。汽笛を鳴らしたのは8.5秒ですが、岸壁にいる人に聞こえたのは8.5秒ではなく、8.5秒よりやや短いことがわかります。

この時間の求め方ですが、音の速さと船の速さの比を使って考えます。

　音の速さ340〔m/秒〕：船の速さ20〔m/秒〕=17：1

同じ距離だけ進むのにかかる時間は、

　音：船=1：17

グラフのA地点まで到達するのにかかる時間は、船が⑰だとすると音は①の時間です。

　⑰=8.5〔秒〕

　①=0.5〔秒〕

つまり岸壁で聞いている人は①だけ音が短く聞こえることになります。

　⑯=8〔秒〕 **答え 8秒間**

問題
50

ある温度で、音は空気中を1秒間に340mの速さで進んで
いきます。今、岸壁に向かって秒速20mで進んでいる船
が、9秒間汽笛を鳴らしました。汽笛の音は岸壁に反射し、
船の甲板にいる人に聞こえました。
反射してきた音は、何秒間聞こえたでしょうか。

🔑ヒント

グラフに表すと、次のようになります。

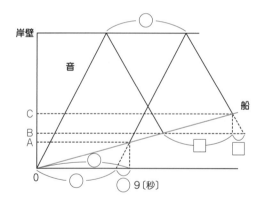

考え方の基本は、音と船の速さの比が

340:20＝17:1 なので、同じ距離を進むときにかかる時間の比は、
音：船＝1：17 となります。

グラフの◯・□に数字を入れて考えてみましょう。

答え

秒間

グラフに正しく数字を入れると、下のようになります。

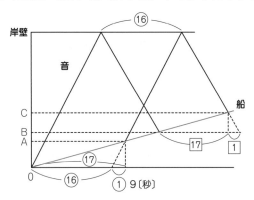

はじめに船がいた（汽笛を鳴らし始めた）場所からA地点まで進むのにかかる時間は船が⑰、音が①です。

つまり岸壁で聞こえる音の長さは9秒の$\frac{16}{17}$です。

そして今度は岸壁で反射してきた音が聞こえ始めた地点（グラフのB地点）から、音が聞こえ終わった地点（グラフのC地点）まで進むのにかかる時間は船が⑰、音が①です。

つまり船上で聞こえる音の長さは、岸壁で聞こえる音の長さの$\frac{17}{18}$です。

船上で聞こえる音の長さは、

$9 \times \dfrac{16}{17} \times \dfrac{17}{18} = 8$〔秒〕ということになります。

答え　　**8秒間**

問題 **51**

. . . .

熱い湯を入れたビーカーを、冷たい水の入った水そうに入れ、それぞれの温度変化を調べました。すると、次のことがわかりました。

・熱い湯の熱が冷たい水に移動する

・最終的にお湯と水は同じ温度になる

80℃の湯240g を入れたビーカーを、20℃の水960g の入った水そうに入れ、湯と水の温度が同じになるまで待つと、湯と水は何℃になるでしょう。

熱量計算を使うことなく、グラフにして解いてみましょう。

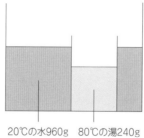

20℃の水960g　80℃の湯240g

. . . .

答え

℃

湯と水の温度変化をグラフにすると、下のようになります。

湯の重さと水の重さの比は
　240〔g〕：960〔g〕=1：4
ということを考えると、温度変化の比は④：①となるはずです。

　⑤ =60〔℃〕
　① =12〔℃〕

　20+12=32〔℃〕

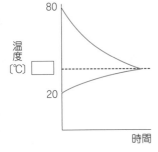

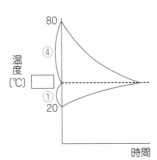

答え　**32℃**

問題 52

地震が発生したとき、大きなビルの揺れをおさえるために
ふりこが利用されることがあります。地震によるビルの揺
れを、ふりこが吸収するというものです。

このはたらきを目的にビルにふりこを設置する場合、どの
ようなことに気をつければいいでしょうか。

A　ふりこがなるべく大きくふれるように設計する
B　ふりこがなるべくふれないように設計する

答え

図のように、建物の揺れの方向と逆側にふりこが揺れることで、建物の揺れを小さくするためにふりこが利用されています。このように、ふりこの揺れによって建物の揺れを小さくするのは、建物の揺れに合わせてふりこが大きく揺れる必要があります。

このような建物の構造を制振構造といいます。

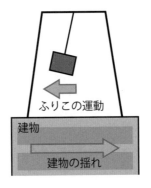

ふりこの運動

建物

建物の揺れ

答え　　ア

問題
53

一般的なグランドピアノを真上から見た場合、どの形に
もっとも近くなるでしょうか？

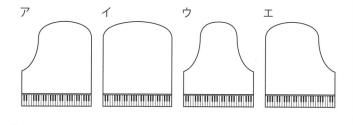

ア　　　　　イ　　　　　ウ　　　　　エ

答え

ピアノは鍵盤１つずつにピアノ線（針金の一種）がそれぞれつながっていて、そのピアノ線の長さを変えることで音の高さを変えています。

そして低い音の出る鍵盤が左に、右へ行くほど高い音の出る鍵盤という配置になっています。

ピアノ線の長さと音の高さの関係ですが、短くて軽く、弾いたときに速く振動するピアノ線は高い音、長くて重く、弾いたときにゆっくり振動するピアノ線は低い音となります。

ピアノ線の配置は、およそ図のようになっています。

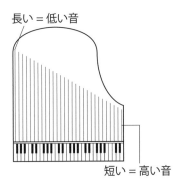

長い = 低い音

短い = 高い音

答え　　エ

問題
54

本郷中学の入試問題レベル

液体中の物体は押しのけた液体の重さと同じだけの「浮力」を上向きに受けます。水の中に入ると、体が浮いたり軽く感じたりするのはそのためです。今、重さ240gの木片を水に入れると、図のように、その体積の80％を水中に沈めた状態で静止しました。この木片の体積を求めてみましょう。ただし、水1cm³の重さは1gとします。

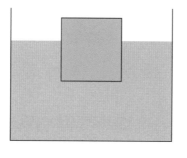

答え

cm³

「押しのけた液体の重さと同じだけの「浮力」を上向きに受け」るとありますが、何 cm³ の水を押しのけたかがわかりませんね。240g のものが水に浮いているということはどういうことなのか、あらためて考えてみましょう。この物体は、水中に沈まずに静止しています。まるで机の上においているのと同じようにです。物体が机の上にあるとき静止しているのは、机が上向きに240g の力で物体を支えているからです。この問題の場合は、水がそのはたらきをしています。

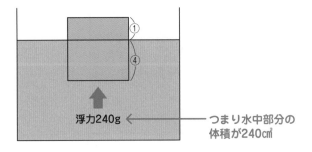

水から浮力を240g 受けているということから、水を240cm³ 押しのけていることがわかるんですね。全体の80％が水中に沈んでいますから、これが240cm³ です。水面上の部分と水面下の部分の体積比が1：4ということですね。

全体の体積は240×$\frac{5}{4}$=300〔cm³〕

答え　**300cm³**

麻布中学の入試問題レベル

テレビや映画の映像で、自動車などのタイヤが回転しているのに止まっているように見えたり、逆向きに回転しているように見えたりする原理を考えてみます。

図1 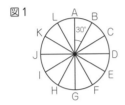　図2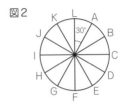

いま、図1のような車輪を時計回りに1秒間に2回転させ、それを1秒間に24コマ写すカメラで撮影します。車輪は1秒間に、角度にして360×2＝720°回転します。1コマごとの撮影の間に、車輪は720×$\frac{1}{24}$＝30°だけ動きます。

すると、前のコマでは図1のように写っていた車輪は、次のコマでは図2のようになり、前のコマでBがあった位置にAが置き換わっただけで、映像を見ていると、それぞれの点の見分けはつきません。だから、映像では止まって見えます。

では、車輪を時計回りに1秒間に3.5回転の速さで回し、それを1秒間に24コマ写すカメラで撮影すると、車輪はどのように回転して見えるでしょうか。

ア　ゆっくり時計回りに回転しているように見える

イ　ゆっくり反時計回りに回転しているように見える

ウ　止まっているように見える

答え

車輪は1秒間に3.5回転しますから、角度になおすと、

360×3.5=1260° になります。

1つのコマごとの撮影の間
に車輪は、

$1260×\dfrac{1}{24}$ =52.5°回転し
ます。

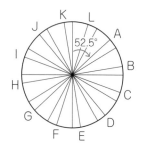

さて、もとの状態から車輪
が52.5°回転すると、右の
ような状態になります。

このときAは52.5°時計回りに回転して図の位置にありま
すが、映像を見ている人はそう思いません。なぜならAの棒はCがもとあった位置から、

60−52.5=7.5° 戻った位
置に移動しているので、C
が7.5°戻ったように錯覚す
るのです。

このように、次のコマの映
像の点が、前のコマの映像
の点で一番近かったものが移動しているように錯覚する
ことで、車輪は本来回転している方向と逆に回転してい
るように見えるのです。

答え　イ

コピー用紙とボールペンがあります。ボールペンの重さは
コピー用紙より重く、同じ高さから同時にコピー用紙と
ボールペンを落とすと、ボールペンのほうが先に地面に達
します。だから「重いものほど速く落ちる」と考えた人が
います。手をはなしてから地面に達するまでの時間を正確
にはかれる装置があれば、この人の考えが間違っているこ
とを証明することができるでしょうか。

答え

コピー用紙はボールペンにくらべて空気の抵抗を受けやすく、ひらひらと落下するので時間がかかるんですね。

そこで、手をはなしてから地面に達するまでの時間を正確にはかれる装置を使って、ボールペンとコピー用紙を同じ高さから落とし、地面に達するまでの時間をはかります。その結果が下の表のようになったとしましょう。

ひらひら……

クシャクシャに丸めると……

↓ ストン

	ボールペン	コピー用紙（そのまま）	コピー用紙（クシャクシャに丸めた）
地面に達するまでの時間〔秒〕	0.40	2.27	0.45

クシャクシャに丸めたコピー用紙は空気の抵抗を受けにくくなり、ボールペンに近い落下速度になりましたが、やはりボールペンにくらべると空気抵抗が大きいことがわかります。ここで、コピー用紙でボールペンをくるんで「一体のもの」と考えます。その重さは「ボールペン＋コピー用紙」で、ボールペン単体より少し重いので、もしもこの人の考えが正しいなら、ボールペンより短い時間で地面に達するはずです。でも実際は空気の抵抗が大きくなるので、ボールペン単体より落下にかかる時間は長くなります。これでこの人の考え「重いものほど速く落下する」は正しくないことが証明できます。

答え **できる**

問題
57

鉄でできた1辺1cmの立方体（重さ8g）と、銅でできた1辺1cmの立方体（重さ9g）がたくさんあります。この立方体27個を組み合わせて図のような1辺3cmの立方体をつくると、全体の重さが233gになりました。銅でできた立方体を何個使ったでしょうか。

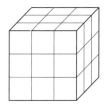

テーマ ❹ 化学 レベル ▼ 謎解きツール ▼ 表にする

答え

個

157

表にして考えましょう。

鉄の立方体の個数〔個〕	27	26	25		
銅の立方体の個数〔個〕	0	1	2		
重さ〔g〕	216	217	218	……	233

鉄の立方体と銅の立方体の重さの差が1gなので、鉄の
立方体の個数を1個減らして銅の立方体の個数を1個増
やすと、全体の重さは1gずつ増えていきます。
だから銅の立方体の個数は、

(233－216) ÷ (9－8) =17〔個〕です。

答え　**17個**

問題
58

. . . .

気体A 1 cm^{3}を燃焼させると、二酸化炭素が 2 cm^{3}でき、気体B 1 cm^{3}を燃焼させると、二酸化炭素が 3 cm^{3}できます。いま、気体A 12cm^{3}と気体B 12cm^{3}の混合気体を燃焼させると、気体Aは完全燃焼したのですが、気体Bが何cm^{3}か燃焼せずに残り、二酸化炭素は45cm^{3}できました。燃焼せずに残った気体Bは何 cm^{3}でしょうか。

. . . .

答え

cm^3

答え ▶ 問題 58

気体Aは完全燃焼したので、気体Aが燃焼したことでできた二酸化炭素はわかりますね。

$12 \times 2 = 24$ 〔cm³〕……気体Aの燃焼でできた二酸化炭素

気体Aの燃焼でできた二酸化炭素〔cm³〕	24	24	24	24		
燃焼した気体B〔cm³〕	0	1	2	3		
気体Bの燃焼でできた二酸化炭素〔cm³〕	0	3	6	9		
二酸化炭素の合計〔cm³〕	24	27	30	33	……	45

気体B 1cm³が燃焼すると 3cm³の二酸化炭素ができるので、燃焼した気体Bは、

$(45 - 24) \div 3 = 7$

なので燃焼せずに残った気体Bは $12 - 7 = 5$ 〔cm³〕です。

答え **5 cm³**

160

あある物質3gが燃焼すると、二酸化炭素が11gできます。いまこの物質24gを燃焼させると、完全燃焼せずにこの物質と二酸化炭素の混合物が64gできました。燃焼せずに残った物質は何gでしょうか。

答え

g

24g の物質すべてが燃焼すると、

$24 \times \dfrac{11}{3} = 88$ 〔g〕の二酸化炭素になるはずですが、そうはなっていません。しかも64g は残った物質とできた二酸化炭素の合計ですから、整理する必要がありそうですね。

燃焼した物質〔g〕	0	3	6		
できた 二酸化炭素〔g〕	0	11	22		
残った物質〔g〕	24	21	18		
合計〔g〕	24	32	40	……	64

+8　+8

燃焼した物質は、

　$(64 - 24) \div 8 = 5$
　$3 \times 5 = 15$ 〔g〕

とわかります。
だから燃焼せずに残った物質は、

　$24 - 15 = 9$ 〔g〕です。

答え　**9g**

次のグラフは、ある濃さの塩酸と、ある濃さの水酸化ナトリウム水溶液が中和するときの量の関係を表しています。グラフのAのとき、中和後の水溶液を加熱して水分を蒸発させると、3gの食塩が残りました。

この塩酸80cm³と水酸化ナトリウム水溶液90cm³を混ぜると、何gの食塩ができるでしょうか。

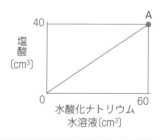

水酸化ナトリウム
水溶液〔cm³〕

ヒント

一方がいくら多くても、反応する相手であるもう一方が少なければ反応は起きません。カレールーがいくらたくさんあっても、ご飯がちょっとしかなければカレーライスはちょっとしかできない、という「カレーライスの法則」を使って考えます。

答え

g

グラフのＡ点から、塩酸40cm³と水酸化ナトリウム水溶液60cm³を混ぜると食塩が3g できることがわかっています。

書き出して整理して解きましょう。

塩　酸	水酸化ナトリウム水溶液	食　塩
40cm³	60cm³	3g
↓×2	↓×1.5	↓×□
80cm³	90cm³	g

塩酸80cm³、水酸化ナトリウム水溶液90cm³の組み合わせは、塩酸はグラフのＡの条件の２倍、水酸化ナトリウム水溶液はグラフのＡの条件の1.5倍の量です。

「カレーライスの法則」のとおり、塩酸がＡの条件の２倍あっても、反応相手である水酸化ナトリウム水溶液が1.5倍しかなければ、できる食塩の量はＡの場合の1.5倍となります。

だからできる食塩は、

　3×1.5=4.5〔g〕となります。

答え　**4.5g**

問題 61

水に水酸化ナトリウムを50gとかし、全体が1000cm³の水溶液になるようにしました。この水酸化ナトリウム水溶液を、ある濃さの塩酸にいろいろな量で混ぜ、中和したときの塩酸と水酸化ナトリウム水溶液の量の関係をグラフにしました。

グラフのAのとき、中和後の水溶液を加熱して水分を蒸発させると、7.5gの白色固体が残りました。

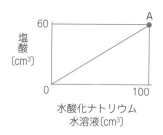

この塩酸100cm³と水酸化ナトリウム水溶液150cm³を混ぜ、中和後の水溶液を加熱して水分を蒸発させると、何gの白色固体が残るでしょうか。

答え

g

165

グラフは塩酸と水酸化ナトリウム水溶液がちょうど中和するときの組み合わせなので、Aで残った白色固体は食塩です。つまり書き出すと、

塩 酸	水酸化ナトリウム水溶液	食 塩
60cm³	100cm³	7.5g

ということです。

さて、問題ではこの塩酸100cm³と水酸化ナトリウム水溶液150cm³を混ぜています。書き出して比べてみましょう。

塩 酸	水酸化ナトリウム水溶液	食 塩
60cm³	100cm³	7.5g
↓ × $\frac{5}{3}$	↓ ×1.5	↓ ×□
100cm³	150cm³	g

できる食塩は、「カレーライスの法則」により、$\frac{5}{3}$、1.5の小さいほうに合わせ、
7.5×1.5=11.25〔g〕　であることがわかります。

$\frac{5}{3}$は、1.5より大きいので、塩酸を入れすぎているわけですが、塩酸は気体がとけた水溶液なので、食塩以外の固体は残りません。

答え　**11.25g**

問題
62

下の表は、ある固体の物質Aが水100gにとける限度量（溶解度）を示しています。この物質を80℃の水270gにとけるだけとかし、その後温度を20℃にしました。液中にとけきれなくなったAの結晶は何g出てくるでしょうか。

温度〔℃〕	0	20	40	60	80	100
100gの水にとける量〔g〕	3	5	10	15	25	40

ヒント

80℃の水270gにとけているAの重さを計算しないと答えが出せないでしょうか?

答え

g

溶解度計算の問題を考える際の「鉄則」は、「水温・水量・とける量」の書き出しで整理するということです。

水温	水 量	とける量
80℃	100g	25g
	↓ ×2.7	↓ ×2.7
80℃	270g	67.5g

水温	水 量	とける量
20℃	100g	5g
	↓ ×2.7	↓ ×2.7
20℃	270g	13.5g

答えは 67.5−13.5=54 〔g〕

25×2.7−5×2.7
= (25−5) ×2.7
=20×2.7=54 〔g〕

でいいですね。

答え **54g**

問題
63

メタンガス、プロパンガス、エタンガスをそれぞれ同じ体積ずつ燃焼させたときに発生する二酸化炭素の重さと熱量は、次の表のようになります。このデータだけから判断すると、3種類のガスを燃料として使う場合、もっとも効率がよいのはどのガスでしょうか。

ガスの種類	二酸化炭素〔g〕	発生する熱量〔kJ〕
メタンガス	44	890
プロパンガス	132	2220
エタンガス	88	1560

答え

同じだけ二酸化炭素を発生させたときに、最も多く熱量を発生するのが、効率のよい燃料ということになります。

ガスの種類	二酸化炭素〔g〕	発生する熱量〔kJ〕
メタンガス	44 ⎞ ×3 132 ⎠	890 ⎞ ×3 2670 ⎠
プロパンガス	132	2220
エタンガス	88 ⎞ ×1.5 132 ⎠	1560 ⎞ ×1.5 2340 ⎠

以上から、同じだけ二酸化炭素が発生するとき、最も発熱量が多いのはメタンガスとわかります。

答え　**メタンガス**

問題
64

3gのマグネシウムを燃焼させると、空気中の酸素と結合して5gの重さになり、4gの銅を燃焼させると、空気中の酸素と結合して5gの重さになります。いま、マグネシウムと銅の混合粉末240gを空気中で完全燃焼させると、重さが360gになりました。
もとの混合粉末中に、銅は何gあったでしょうか。

✍ヒント

240gを表にして1gずつ書き出すわけにはいきませんね。はじめから計算で求めてみましょう。

240gすべてがマグネシウムだったら、重さはどう変化するでしょうか。

答え

g

240g すべてがマグネシウムだったら、重さは、

$240 \times \dfrac{5}{3} = 400$〔g〕になります。

実際には360g になっているので、

$400 - 360 = 40$〔g〕だけ重さを減らせばいいことがわかります。

1g のマグネシウムが酸素と結合すると$\dfrac{5}{3}$〔g〕になり、

1g の銅が酸素と結合すると$\dfrac{5}{4}$〔g〕になります。

1g のマグネシウムを銅と交換すると、燃焼後の重さは、

$\dfrac{5}{3} - \dfrac{5}{4} = \dfrac{5}{12}$〔g〕ずつ減っていきますから、

40g の重さを減らすには、

$40 \div \dfrac{5}{12} = 96$〔g〕だけ銅に交換すればいいことがわかります。

答え **96g**

問題
65

水素1gを完全燃焼させると、酸素と結合して9gの水蒸気になります。炭素3gを完全燃焼させると、酸素と結合して11gの二酸化炭素ができます。

いま、水素と炭素だけからできた薬品12gに点火すると、完全に燃焼して水蒸気と二酸化炭素の混合気体76gができました。この混合気体76g中の水蒸気は何gでしょうか。

答え

g

まずは、もとの薬品12gに含まれていた水素の重さを考えます。

12gすべてが炭素だったら、3gが燃焼すると11gの二酸化炭素ができるので、

$12 \times \dfrac{11}{3} = 44$〔g〕の二酸化炭素ができます。

実際にできた混合気体は76gなので、

76−44=32〔g〕気体を増やす必要があります。

1gの水素が燃焼すると9gの水蒸気ができることから、3gの水素が燃焼すると27gの水蒸気ができます。

3gの炭素を3gの水素に交換すると、
27−11=16〔g〕だけ、できる混合気体を増やすことができます。

32÷16=2回、この交換を行う必要があります。
だからもとの薬品12gに含まれていた水素は、

3×2=6〔g〕です。

6gの水素が燃焼してできる水蒸気は、

6×9=54〔g〕です。

答え　**54g**

問題
66

下の表は、ある固体の物質Aが水100gにとける限度量（溶解度）を示しています。この物質を80℃の水にとけるだけとかした水溶液（飽和溶液といいます）が100gあります。この水溶液にとけている物質Aの重さは何gでしょうか。

温度〔℃〕	0	20	40	60	80	100
100gの水にとける量〔g〕	3	5	10	15	25	40

答え

g

うっかり「25g」と答えてしまいそうですが、そうでは
ありませんね。80℃の水100gに物質Aが25gとけるの
で、

80℃の水：とけているA
  100g   25g
  ④ : ①
ということです。

つまりこの問題の場合は、④の水と①の物質Aの合計、
⑤が100gということになります。

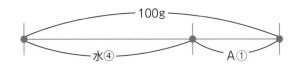

⑤=100g
①=20g

答え <u>20g</u>

問題 67

下の表は、ある固体の物質Ａが水100gにとける限度量（溶解度）を示しています。この物質を80℃の水にとけるだけとかした水溶液（飽和溶液といいます）が1234gあります。この水溶液を80℃に保ったまま、水を500g蒸発させると、溶液中に物質Ａのとけ残り（結晶）が出てきました。出てきた結晶は何gでしょうか。

温度〔℃〕	0	20	40	60	80	100
100gの水にとける量〔g〕	3	5	10	15	25	40

ヒント

水溶液1234gにとけている物質Ａの重さを計算する必要はあるのでしょうか？

答え

　　　　　　g

飽和溶液1234g にとけている物質Aの重さを計算して……のようなことが必要でしょうか?

実はこの問題で注目すべきなのは「水を500g 蒸発させた」ということです。飽和水溶液ですから、もちろんもうそれ以上物質Aをとかすことはできませんし、水が少しでも蒸発すれば、その蒸発した水にとけていた物質Aが結晶としてとけ残って出てくるはずです。

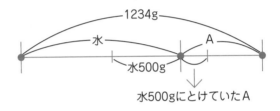

つまりこの問題では、蒸発した500g の水にとけていた物質Aの重さを答えればOKということになります。

80℃の水100g にとけている物質Aは25g ですから、
    25×5=125〔g〕
とけ残りが出てくることになります。

答え **125g**

問題
68

. . . .

５％の塩酸120cm³と、水酸化ナトリウム水溶液Ａ150cm³
が中和し、８％の塩酸240cm³と水酸化ナトリウム水溶液
Ｂ160cm³が中和します。
このとき水酸化ナトリウム水溶液ＡとＢの濃さの比はどう
なっているでしょうか。

. . . .

答え
　　　　　　　　　　　　　　　　　：

179

水酸化ナトリウム水溶液Aを 5×120÷150=4 の濃さと
考えると、
Bも同じように 8×240÷160=12 と考えることができ
ますね。

4：12=1：3 です。

答え **1：3**

AとBのビーカーにそれぞれ12gの食塩を入れ、Aには88gの水、Bには48gの水を入れ、すべてとかしました。この２つの食塩水を混合すると何％の食塩水ができるでしょうか。ただし食塩のとけ残りは出なかったものとします。

※食塩水の濃さは、

　食塩の重さ÷食塩水の重さ×100〔%〕

　で求めることができます。

答え

　　　　　　　　　　　　　　　　　　　　　　%

答え ▶ 問題69

２つの食塩水をつくる過程はさておき、結局は食塩12×2=24g と、水を88+48=136g を混ぜた食塩水ができたんですね。
食塩水の濃（こ）さは、

食塩の重さ÷食塩水の重さ×100〔%〕

で求められるので、

24÷（24+136）×100=15〔%〕

答え　15%

問題
70

. . . .

水 1 cm³の重さ（密度といいます）は 1 g、液体A 1 cm³の
重さは0.8g です。いま、水と液体Aを均一に混ぜ、 1 cm³
あたりの重さが0.92g の溶液をつくろうと思います。液体
Aと水を体積にしてどれくらいの割合で混ぜればよいで
しょうか。液体A：水の順に答えてください。ただし、混
合による体積変化はないものとします。

. . . .

答え

　　　　　　　　　　　：

答え ▶ 問題70

算数の問題で、濃さの違う食塩水を混ぜ合わせてできる食塩水の濃さを求めるときに使う「てんびん法」を使いましょう。
できた溶液の密度は、多く使った液体の密度に近くなるはずです。これをてんびんのつりあいで考えるわけです。

できた溶液の密度（0.92）と液体Aの密度（0.8）との差が0.12、そして水の密度（1）との差が0.08です。

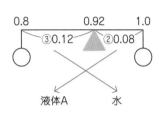

0.12：0.08＝3：2

この逆比が液体Aと水の体積比になります。

答え 2：3

問題
71

灘中学の入試問題レベル

特殊な装置で金属の銅を拡大
して調べると、図のように大
きさの同じ粒が規則正しく配
列していることがわかります。
この粒（球とみなします）を
銅原子といいます。この一部
を取り出したものが図1です。

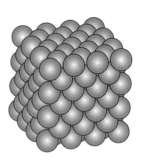

図1   図2   図3

  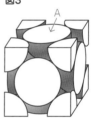

図1のうち8つの球の中心を結ぶ立方体で切り取る（図2）
と、図3のようになります。
図3の立方体がたくさん積み重なった中で、Aの粒も他の
粒も、同じ数の他の粒と接しています。
Aと接している粒は何個あるでしょうか。

答え

個

左の図のように、Aの粒は中心が
Aの中心と同じ高さにある4つの
粒、そして中心がAの中心より
低い位置にある4つの粒（背面の
見えていない1つも含む）と接し
ていることがわかります。

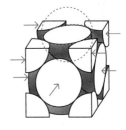

そしてそれだけでなく、同じ立方
体を上に重ねてみると、中心がA
の中心より高い位置にある4つの
粒（背面の見えていない1つも含
む）と接していることもわかりま
すね。

答えは　4×3=12〔個〕となり
ます。

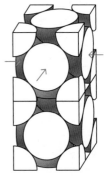

答え　**12個**

問題 72

. . . .

Aという気体2Lが完全燃焼するとき、酸素1Lと結合し、Bという気体が2Lできます。

いま、Aと酸素の混合気体6Lに点火して燃焼させると、Aまたは酸素がすべて燃焼に使われ、気体が5L残りました。

はじめの混合気体には、Aと酸素が何Lずつ含まれていたでしょうか。

答えは2とおりあります。

. . . .

ヒント

この問題は、条件さえそろえば表解でも解くことができそうです。
表を完成させてみましょう。

A〔L〕	6	5	4	3	2	1	0
酸素〔L〕	0	1	2	3	4	5	6
残った気体〔L〕							

Aと酸素が②：①の割合で結びついて、Bが②できることに注意しながら、どの気体が何L残るか考えてみましょう。

答え				
	Aが	Lと酸素が		L
	Aが	Lと酸素が		L

表を完成させるにあたって、下記のように考える必要がありますね。混合ではなくAのみ6L、あるいは酸素のみ6Lの場合は燃焼しないので、Aまたは酸素が6Lそのまま残ります。ほかの場合は、Aと酸素が②：①の割合で結びついて、Bが②できることに注意しながら、どの気体が何L残るか考えましょう。

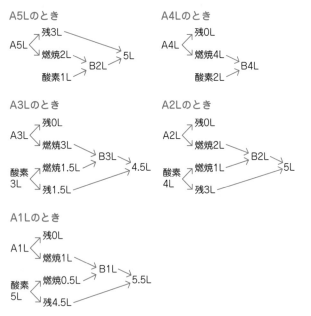

A5Lのとき
A5L 残3L → 5L
燃焼2L → B2L
酸素1L

A4Lのとき
A4L 残0L
燃焼4L → B4L
酸素2L

A3Lのとき
A3L 残0L
燃焼3L → B3L → 4.5L
酸素3L 燃焼1.5L
残1.5L

A2Lのとき
A2L 残0L
燃焼2L → B2L → 5L
酸素4L 燃焼1L
残3L

A1Lのとき
A1L 残0L
燃焼1L → B1L → 5.5L
酸素5L 燃焼0.5L
残4.5L

答え

Aが5Lと酸素が1L
Aが2Lと酸素が4L

（実はこの気体Aは水素、
そして燃焼してできる気体Bは水蒸気です）

問題 73

ある濃さの水酸化ナトリウム水溶液50cm³に、塩酸をいろいろな量で注ぎ、その後、水分を蒸発させて、残った固体の重さをはかりました。その結果が下の表です。

この水酸化ナトリウム水溶液50cm³を完全中和するのに必要な塩酸は何cm³でしょうか。

加えた塩酸〔cm³〕	0	10	20	30	40	50
残った固体〔g〕	3.0	3.6	4.2	4.5	4.5	4.5

※中和とは、酸性の水溶液とアルカリ性の水溶液が反応し、水と塩（この問題の場合は食塩）ができる現象です。塩酸にとけている塩化水素は気体、水酸化ナトリウム水溶液にとけている水酸化ナトリウムは固体の物質です。

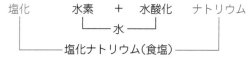

🔑ヒント

グラフを完成させて、答えを求めましょう。

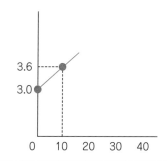

答え

cm³

加えた塩酸〔cm³〕	0	10	20	30	40	50
残った固体〔g〕	3.0	3.6	4.2	4.5	4.5	4.5

加えた塩酸が30cm³、40cm³、50cm³のところではもう固体は増えていません。なぜならもう完全中和点をこえて、塩酸を入れすぎだからです。塩酸は気体がとけた水溶液なので、入れすぎたものは水分を蒸発させたときに空気中に逃げていきます。グラフを完成させると、下のようになります。

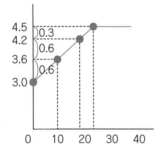

塩酸10cm³が中和すると残った固体が0.6g 増えることがわかるので、加えた塩酸が20cm³と30cm³の間で残った固体が0.3g 増えているということは、加えた塩酸10cm³のうち中和した塩酸は5cm³です。

20+5=25 〔cm³〕

答え **25cm³**

問題 74

水素2Lが完全燃焼するとき、酸素1Lと結合し、水蒸気が2Lできます。

いま、水素と酸素の混合気体14.4Lに点火して燃焼させると、水素または酸素がすべて燃焼に使われ、気体が11.2L残りました。はじめの混合気体には、水素が何L含まれていたでしょうか。答えは2とおりあります。

♂ヒント

問題65と同じタイプの問題ですが、0.1Lずつ書き出すのは大変です。混合気体中の水素の体積と残った気体の体積の関係をグラフを描いて考えることにしましょう。

完全燃焼するときの水素の体積、そして残る気体（水蒸気）の体積は何Lになるでしょうか。

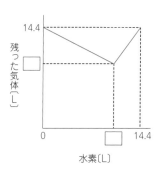

答え	
	L
	L

完全燃焼するときの水素と酸素の体積の組み合わせは、

14.4÷3=4.8〔L〕（①）が酸素の体積、
②=9.6Lが水素の体積になり、残る気体（水蒸気）の体積も9.6Lです。このとき残る気体は最少になります。
水素が0L（酸素のみ14.4L）、あるいは水素が14.4Lの場合は燃焼しないので、気体が14.4Lそのまま残ります。

残った気体が11.2Lになる
のは右のような場合で、

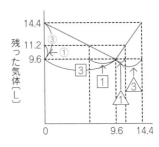

水素〔L〕

  14.4−9.6＝4.8
  11.2−9.6＝1.6
  4.8：1.6＝③：①

より、左側にできる三角形
と右側にできる三角形の底
辺の比も、それぞれ3：1となることがわかります。

③＝9.6
①＝3.2
9.6−3.2＝6.4〔L〕（②）
△3＝14.4−9.6＝4.8
△1＝1.6

9.6＋1.6＝11.2〔L〕

答え **6.4L 11.2L**

武蔵中学の入試問題レベル

塩酸にアルミニウムの小片を入れると、泡を出してアルミニウムがとけます。この泡は水素で、もともと塩酸にとけている気体の塩化水素に含まれていたものです。

ある濃さの塩酸100cm³に、アルミニウムの小片を0.1gずつ入れ、そのとき発生する水素の体積を表にまとめると、下のようになりました。塩酸100cm³と過不足なく反応するアルミニウムの重さは何gでしょうか。

アルミニウム〔g〕	0.1	0.2	0.3	0.4	0.5	0.6
水素〔cm³〕	130	260	390	442	442	442

答え

g

答え ▶ 問題75

表から、発生した水素の量の変化を読み取ると、下のようになります。

アルミニウム〔g〕	0.1	0.2	0.3	0.4	0.5	0.6
水素〔cm³〕	130	260	390	442	442	442

+130 +130 +52

これをグラフにするときに、下のように単純に点どうしを結ぶミスをおかしてはいけません！

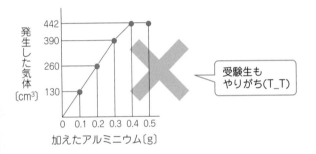

受験生も
やりがち(T_T)

反応が終わるまでは、気体は反応したアルミニウムに比例して発生するはずですから、気体の発生がとまるまでは直線、気体の発生がとまったところで曲がり、水平なグラフとなります。

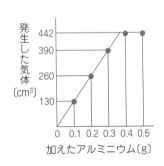

442÷130＝3.4
0.1×3.4＝0.34〔g〕

答え **0.34g**

問題 76

開智中学の入試問題レベル

塩酸に石灰石を入れると、石灰石はとけて二酸化炭素が発生します。ある濃さの塩酸50cm³に、石灰石を1gずつ入れ、そのとき発生する二酸化炭素の体積を表にまとめると、下のようになりました。塩酸50cm³と過不足なく反応する石灰石の重さは何gでしょうか。

石灰石〔g〕	1	2	3	4	5	6
二酸化炭素〔cm³〕	234	468	702	936	936	936

答え

g

これはグラフにするまでもなく、わかる人が多いかもしれませんね。表を見るときの視点の基本は「0（ゼロ）の欄はあるか」「どれくらいずつ変化しているか」です。

石灰石〔g〕	0	1	2	3	4	5	6
二酸化炭素〔cm³〕	0	234	468	702	936	936	936

+234 +234 +234 +234

塩酸に石灰石を加えなければ二酸化炭素は発生しないので、加えた石灰石0gの欄は、二酸化炭素も0cm³です。加えた石灰石4gのところまでは、石灰石を1g加えるごとに二酸化炭素が234cm³発生していて、加えた石灰石と発生した二酸化炭素が比例していることがわかります。グラフにすると下のようになります。

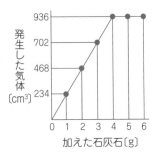

石灰石を4g加えたところでちょうど、気体の発生がとまっていますね。

答え　**4g**

ある装置を使って、酸素を発生させる実験をしました。三角フラスコに二酸化マンガンを1g入れ、ある濃さの過酸化水素水（オキシドール）をいろいろな量で加えたときに発生した酸素の体積をはかると、下の表のようになりました。過酸化水素水を120cm³加えたときに発生する酸素の体積は、何cm³でしょうか。

加えた過酸化水素水の体積〔cm³〕	10	20	30	40
発生した酸素の体積〔cm³〕	120	240	360	480

答え

cm³

過酸化水素水は、それ自身が酸素と水に分解するのですが、それを助けるのが二酸化マンガンで、二酸化マンガンは変化しません。つまり、使った二酸化マンガンが何gであったとしても、過酸化水素水を注いだ体積によって酸素の発生量は決まります。酸素の発生量をグラフにすると、下のようになります。

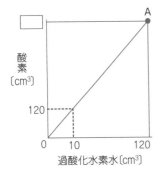

過酸化水素水を120cm³加えたときに発生する酸素の量は、120×12＝1440〔cm³〕ですね。

答え **1440cm³**

問題 78

石灰石とうすい塩酸を反応させると、二酸化炭素が発生します。これは、石灰石には炭酸カルシウムという物質が含まれており、炭酸カルシウムが塩酸と反応して二酸化炭素を発生するのです。いろいろな重さの石灰石を、ある濃さの塩酸と反応させ、発生した二酸化炭素の重さをはかりました。

この塩酸50cm³と過不足なく反応する石灰石は何gでしょうか。

石灰石〔g〕	1	2	3	4	5
塩酸〔cm³〕	50	50	50	50	50
二酸化炭素〔g〕	0.4	0.8	1.2	1.36	1.36

答え

g

石灰石〔g〕	1	2	3	4	5
塩酸〔cm³〕	50	50	50	50	50
二酸化炭素〔g〕	0.4	0.8	1.2	1.36	1.36

+0.4　+0.4　+0.16

発生した二酸化炭素の重さの変化を表に書きこむと、上のようになります。1.36gを上限に、二酸化炭素は発生していませんね。これをグラフに表すと、次のようになります。

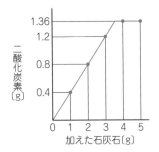

加えた石灰石が3gのときと4gのときの間で、二酸化炭素の発生がとまっています。反応する塩酸がなくなってしまったためですね。

さて、では塩酸50cm³と過不足なく反応した石灰石ですが、

　　1.36÷0.4＝3.4

　　1×3.4＝3.4〔g〕

と計算できます。

答え　**3.4g**

問題 79

ある濃さの塩酸60cm³と水酸化ナトリウム水溶液40cm³を混ぜ合わせると、完全に中和して中性の水溶液（食塩水）になりました。

中和反応では、熱が発生して水溶液の温度が上がります。このことを調べるため、上記の塩酸と水酸化ナトリウム水溶液を使って、合計50cm³になるようにいろいろな割合で混ぜ合わせて、温度の変化を表にしてみました。

塩酸〔cm³〕	5	15	25	35	45
水酸化ナトリウム水溶液〔cm³〕	45	35	25	15	5
温度〔℃〕	15.6	16.8		17.7	15.9

表の空欄にあてはまる数字は何でしょうか。

答え

塩酸と水酸化ナトリウム水溶液の合計が50cm³になる組み合わせで、完全中和するのは塩酸30cm³と水酸化ナトリウム水溶液20cm³のときです。

塩酸〔cm³〕	5	15	25	35	45
水酸化ナトリウム水溶液〔cm³〕	45	35	25	15	5
温度〔℃〕	15.6	16.8		17.7	15.9

+10
+1.2

塩酸が10cm³中和すると、温度が1.2℃上がっていることから、塩酸を加える前の温度は、

15.6−0.6=15〔℃〕だったことがわかります。
　　　1.2÷2

完全中和点では温度は、
15+1.2×3=18.6〔℃〕になっているはずです。
グラフにすると、
空欄は、

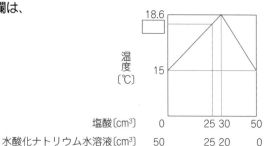

16.8 ＋ 1.2 ＝ 18

となります。

答え　18

問題
80

. . . .

寒い冬の日、ピキ君は下の図のような熱々のボトル缶コーヒーを買い、「パキッ」とふたを開け、一気に飲み干して「ぷはー」と言ってからふたを閉じました。そして、空き缶を部屋の中に放置したまま、コーヒー 500mL を一気飲みしたにもかかわらず寝てしまいました。

次の朝、缶が凹んでいたのを見た理科好きのピキ君は、「はは～ん」と思いました。

ピキ君は何と思ったのでしょうか。

. . . .

🔎ヒント

飲み干した直後、缶の内部を満たしていたと考えられる気体は空気でしょうか？

答え

これがなぞなぞだったら「『はは〜ん』と思いました」と
書いてあるんだから、答えは「はは〜ん」なのですが、
なぞなぞではなく「謎解きドリル」なので違います。

ピキ君が缶コーヒーを飲み干して「ぷは〜」と言ってい
るとき缶の内部にある気体の大部分は高温のコーヒーを
飲み干した直後ということで、水蒸気だったはずです。
その状態でふたをして寝てしまいました。

寒い冬ですから寝ている間にどんどん気温は下がり、缶
を満たしていた水蒸気（飲んだ直後は缶の中は水蒸気で
いっぱいだったので、あまり空気は入れなかった）はど
んどん水の粒に戻り、缶の中が真空に近づいていきます。
※水蒸気が水に戻ると、体積はおよそ1700分の1になります。

そうすると、あるところで大気圧に耐え切れなくなった
缶が凹むことになります。

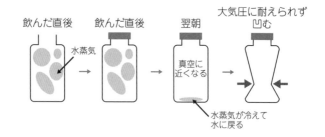

飲んだ直後　　飲んだ直後　　翌朝　　大気圧に耐えられず凹む

水蒸気

真空に
近くなる

水蒸気が冷えて
水に戻る

答え　缶の内部が真空に近くなったから、
大気圧に耐えられず凹んだんだな。

おわりに

　最後までおつき合いくださり、ありがとうございました。いかがでしたか？

　本書がきっかけとなり、物知りに、そして理科が好きになっていただければうれしいです。

　本書は、私が子どもたちと理科の授業で行う「謎解き」を1冊にまとめたものです。

　パート1の「知識問題編」は、一問一答式の知識クイズ。中学受験を目指すお子さんには、まさに「かゆいところに手が届く」内容にしました。中学入試頻出ですが、参考書などにはのっていない語呂合わせや覚え方など満載です。

　中学受験をしないお子さんも、「へ〜そうなんだ」と思いながら問題を解き進めるうちに、どんどん物知りになっていくはずです。

　お父さん、お母さんも、ぜひお子さんといっしょに考えてみてください。「あ、これ昔習った！」と思い出されることもたくさんあるでしょう。

　また、お子さんの理科の勉強を見てあげているという親御さんには、教えるときのヒントとなる視点や話題をたくさん散りばめました。

　パート2の「思考問題編」では、実際の中学入試レベルから、ついつい考えてみたくなる問題を厳選しました。かなりレベルの高い問題もたくさんあります。

ひとりでも多くの子どもたちが、上質な問題を解く中で、驚きや感動、「もっと知りたい」という知的好奇心にかられ、さらに知る喜びを大きくしてほしいと願っています。

　2023年3月
　　　　　中学受験専門のプロ家庭教師「名門指導会」副代表　辻 義夫

カバーデザイン◎西垂水 敦（krran）
　　　　　　　市川 さつき（krran）
カバーイラスト◎みつき さなぎ
本文デザイン◎二ノ宮 匡（ニクスインク）
本文イラスト◎熊アート
DTP◎フォレスト
編集協力◎オルタナプロ
制作協力◎加藤 彩

【著者紹介】

辻 義夫 (つじ・よしお)

◎──中学受験専門のプロ家庭教師「名門指導会」副代表。中学受験情報局『かしこい塾の使い方』主任相談員。

◎──1968年、兵庫県生まれ。大手進学塾、個別指導塾での指導を経て、現在は理数教育家として中学受験全般や理数系子育てを新聞、雑誌などで発信している。「ワクワク系中学受験」と称される指導法、勉強法は「楽しく学べて理科系科目が知らないあいだに好きになってしまう」と受験生から絶大な支持を得る。「カレーライスの法則」「ステッカー法」など、子どもが直感的に理解できて腑に落ちる解法を編み出す名人でもある。定期開催するプラネタリウム授業は発売5分で満席になるほど人気を博している。

◎──著書は『たのしく覚えてアタマに残る謎解き理科用語』(かんき出版)、『中学受験見るだけでわかる理科のツボ』(青春出版社)などがある。

◎──本書はロングセラーとなった『頭がよくなる謎解き理科ドリル』の改訂版である。

Instagram：@tsujiyoshio

かんき出版 学習参考書のロゴマークができました！
明日を変える。未来が変わる。
マイナス60度にもなる環境を生き抜くために、たくさんの力を蓄えているペンギン。
マナPenくんは、知恵と知恵を蓄え、自らのペンの力で未来を切り拓く皆さんを応援します。

マナPenくん®

改訂版 頭がよくなる謎解き理科ドリル

2016年12月19日　初版　第1刷発行
2023年 4月 3日　改訂版第1刷発行

著 者──辻 義夫
発行者──齊藤 龍男
発行所──株式会社かんき出版

東京都千代田区麹町4-1-4 西脇ビル 〒102-0083
電話 営業部：03(3262)8011代　編集部：03(3262)8012代
FAX 03(3234)4421　振替 00100-2-62304
http://kanki-pub.co.jp/

印刷所──ベクトル印刷株式会社